科普知识大观园·走进奇妙的科学实验世界

就地取材

玩物理 I

【德】D·纳赫蒂加尔 J·迪克赫费尔 G·彼得斯 郑仁蓉◎著

上海交通大学出版社
SHANGHAI JIAO TONG UNIVERSITY PRESS

内容提要

　　前行轮缘上的点可以后退？洞眼可以不漏水？……两个不带电的气球可以相吸？火焰可以向下燃烧？……弦乐、管乐原理何在？为什么快艇在水上划出的波有确定的夹角？……日常生活中,有太多的现象疑团吸引着我们好奇地思索。本书以实验、游戏、魔术等多种方式引导读者就地取材玩玩力学、热力学、振动和波三大方面的基础物理实验,并探讨了实验中众多千奇百怪现象背后的原因。希望读者在实验和探索之中,体会学习物理之乐。

图书在版编目(CIP)数据

就地取材玩物理.1/(德)纳赫蒂加尔等著.—上海:上海
交通大学出版社,2015
(科普知识大观园.走进奇妙的科学实验世界)
ISBN 978 - 7 - 313 - 12350 - 3

Ⅰ.①就…　Ⅱ.①纳…　Ⅲ.①物理学—实验—普及读物
Ⅳ.①O4 - 33

中国版本图书馆 CIP 数据核字(2014)第 270056 号

就地取材玩物理 Ⅰ

著　　者:[德]D.纳赫蒂加尔　J.迪克赫费尔
　　　　　G.彼得斯　郑仁蓉
出版发行:上海交通大学出版社　　　　　　　　地　　址:上海市番禺路 951 号
邮政编码:200030　　　　　　　　　　　　　　电　　话:021-64071208
出 版 人:韩建民
印　　制:常熟市文化印刷有限公司　　　　　　经　　销:全国新华书店
开　　本:787mm×960mm　1/16　　　　　　　印　　张:13.75
字　　数:236 千字
版　　次:2015 年 3 月第 1 版　　　　　　　　印　　次:2015 年 3 月第 1 次印刷
书　　号:ISBN 978-7-313-12350-3/O
定　　价:39.00 元

Preface
前言

　　本丛书包括Ⅰ，Ⅱ两册，第Ⅰ册分力学、热力学、振动和波三大部分，第Ⅱ册包含电和磁、电子学、光学三大部分。两册均以基础物理实验做引导，在就地取材玩物理、做实验的基础上，在探究实验现象产生的原因中认识、学习、理解物理，进而欣赏物理之美，享受学习物理之乐。

　　本丛书有三大亮点：

　　(1) 实验数目多，多达365个，力、热、声、光、电、磁、电子学等基础物理内容均有覆盖。读者通过一边阅读一边做实验会对物理科学涉及面之广泛有一个初步概念。

　　(2) 每个实验都有一个精华提炼、诱人耳目的副标题，实验材料、实施过程、注意事项均有较详细的介绍。实验形式也比较多样：有感觉认知、常见物理现象的再现、探索故事、游戏、魔术等，读者会在自己动手实验的进程中体会物理的细节和实验成功的喜悦。

　　(3) 在中学知识范围之内，对实验现象产生的原因进行了细致入微的讨论和顺势而为的应用拓展，间或穿插了一些相关的科学或科学家的小故事。读者会在感悟现象背后的物理思想之中实现知其然又知其所以然，顺便了解一点有趣的科学发展史。在内心深处好奇的精神需求得到一定满足的同时，体验到无比的愉悦。

　　以上三大亮点源自本丛书特殊的写作经历。此书的第一作者 D. 纳赫蒂加尔(Dieter K. Nachtigall)是德国多特蒙特大学的教授,一位享誉国际物理教育学界的知名学者,是他提供了由他和他的两个学生撰写的、本丛书的初步手稿。因为德国人的文化背景、思维方式与中国人有所不同,即使是同样的物理原理,有时他们也会表现出与我们不完全相同的视角,扩大了我们的视野,让中国人很有新鲜感。这点在本丛书实验的选择上体现得淋漓尽致。

可惜纳赫蒂加尔教授于 2010 年不幸逝世,于是除了翻译、还有大幅度补充、修改初稿的任务,就落在了第四作者,一位中国教育工作者的肩上,加上出版社从出版角度提供的宝贵意见,使此丛书又添加了明显的、读者熟悉的中国风格。

本丛书适合的读者包括:

(1) 中学物理老师、小学自然课老师、各种青少年活动中心的科学老师及他们的学生。此丛书为他们和他们的学生开展课外科技活动、启蒙学生的好奇心和对科学的兴趣提供思路、素材和参考教材。

幼儿园大班的学生可以观看老师选出来的演示实验,潜移默化感受"科学"的熏陶;小学生可以观看演示或模仿老师做一些合适的实验,初步了解物质世界的神奇,激发对"科学"的兴趣;初中生可以在观看演示和动手中学到只靠课本学不到的、定性的或初步定量的物理实验和理论知识;高中生则可在老师指导下动手做实验之中,定性又定量地学习物理知识,切实掌握实验中隐含的物理思想。

但愿此丛书能成为开启学生学科学的兴趣、点燃孩子们智慧之光的星星之火。

(2) 基础物理研究者。他们在利用本丛书直接或间接指导学生的过程中,可以探索基础物理教学的规律,帮助实现最佳教学效果。

（3）其他物理爱好者。物理是一门形象思维和逻辑思维紧密结合的实验学科，它还是我们研究看得见、看不见的整个物质世界的基础，是与生产生活密切相关的各种设施设备的重要原理基础。一旦进入，体会到其中的乐趣，会有一种欲罢不能的感觉。本丛书可以为这些好奇者们提供入门、进取或者消遣的借鉴。

因为各类读者的需求不同，本丛书的用法可以各取所需。做实验玩玩、探寻现象及其原因、甚至在本丛书的基础上进行更深入的研究。取其一、二、三单项或者多项，只要读者本人或读者群喜欢，都是不错的选择。

感谢上海交大出版社，感谢杨迎春博士、交大物理系孙扬教授、德国知名核物理学家 Peter. Ring 教授、德国多特蒙德技术（TU Dortmund）大学的 Werner Weber 教授；感谢原西南师大物理系、现西南大学物理学院的殷传宗、林辛未、陈志谦三位教授和纳赫蒂加尔教授的儿子 Christof Nachtigall 博士。是他们的热情帮助和支持，才使本丛书得以成形面世。

如果此丛书能得到中小学生、基础物理教育学界和其他爱好物理之人士的欢迎，将是对本丛书第一作者的最好纪念，也是对其余作者的最大奖励。

当然，本丛书在内容、写作方面的不足之处，也欢迎并感谢各位读者批评指正。

郑仁蓉

2015 年 1 月于上海

Contents
目 录

第一部分 力学

第二部分 热力学

第三部分 振动和波

第一部分　力学

一、长度、空间、时间和速度

 **实验 1** **长度测量——你绝不会忘带的随身"标尺"**

材料:书,桌面

请估计,这本书的长度有多少个拇指宽度,用你的拇指测量一下。也可以尽量伸开你的手掌,用大拇指尖与另外一个手指尖(比如中指)的距离来测量一本书或一张桌面的长和宽。再用直尺测量你随身"标尺"——你拇指的宽度、你手掌一卡的长度,考察一下你测量的精度。随身"标尺"可是你绝不会忘记携带的标尺,它使你的长度测量随时可以进行。当然,成长中的同学们,要与时俱进地测量你随身标尺的长度,以提高测量精度。

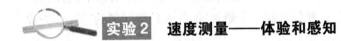 **实验 2** **速度测量——体验和感知**

蜗牛有多慢,地球公转有多快,谁能说出来?还是让我们先从自身体验一下吧。

以一种特定的步伐,每次都跑上至少 100 m,测测你用了多少时间。先估计一下,你跑得有多快!再计算一下,你一秒钟跑多少米?一小时跑多少公里?用同样的方法,先估计,后实验测量骑自行车的速度。你还可以继续估计和测量其他速度,比如蜗牛、猎狗、汽车、飞机、地球公转等。将你得到的数值列成表格,与如下常见的数值进行比较,判断它们的真伪。

下面是一些常见的速度值:

速度大小比较

项目	m/s	km/h
蜗牛	0.001 5	0.005 4
鱼	1	3.6
步行的人	1.4	5.04
苍蝇	5	18
猎狗	25	90
小汽车	28	100.8
火车	56	201.6
民航飞机	250	900
声音(空气中)	330	1 188
地球公转	30 000	108 000

以上各种速度值,有的可以自己通过实验得知,有的可以通过查阅资料和计算得知。自己做做看,上面数据的可靠性到底有多大?

 实验3　测量时间——蜡烛钟

我们常用的时钟越来越准确,机械的、电子的,甚至原子钟,不一而足。其实,计时工具起源于对任意一个等时间间隔的标记。比如,沙漏钟中漏掉的沙量,点香计时中香的长度。让我们自制一个蜡烛钟,让大约等间隔的"钟声"为我们提醒时间。

材料:一些小钉子,细的圆柱形蜡烛。

将钉子钉在蜡烛的圆周上,让后钉进蜡烛的钉子头,比前面刚插进蜡烛的、相邻钉头的高度高 5 mm,间隔距离由两钉头连线与水平方向的圆周线偏斜约 20°角控制。所有相邻钉子头之间的连线在蜡烛上方形成有确定旋转方向的、由低到高的、上升的螺旋线,以保证露出部分最短的大头钉,最先被烛焰烧热、脱离蜡的束缚,掉到底座上。将蜡烛置于硬质(比如金属)的底座上,以便人们能听到钉子掉下来的"钟声"。点燃蜡烛,探究一下,从烛焰烧掉第一颗钉子开始,在多长的时间间隔内,你的蜡烛钟被"敲响"。与我们用的时钟比较一下,钟的精度怎么样?

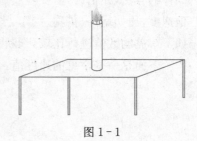

图 1-1

实验4 **时间和知觉——形体时间和形体外形**

材料:画笔,纸张

请用画笔以流畅的动作画两个圆,使其直径大约为 5 cm 和 20 cm。请你再重新画相同的两个圆,但这次画圆的速度分别是上次的 3 倍和 1/3。

圆形和笔法的流畅性怎么样? 是不是画得越快,流畅性越好。

请举出生物运动的例子,说明他们的外形因速度不同而引起的改变。例如:人走步、小跑、飞奔。

步行时人体的连续动作

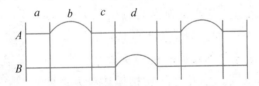

步行时双脚(A 和 B)的动作图解(直线表示脚落地的时间,弧线表示脚离开地面的时间)

由图可见,走路时,人的双脚至少有一只是着地的。

奔跑时人体的连续动作

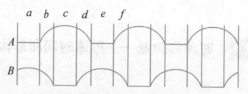

奔跑时双脚(A 和 B)的动作图解(直线表示脚落地的时间,
弧线表示脚离开地面的时间)

由图可见,奔跑时,人的双脚有都悬空的瞬间。见(b、d、f)

图 1-2

由以上两个动作图解图的比较可见,奔跑时人脚落地时间更短,人体外形要比走路时圆滑流畅。你也可以想象一下,在生物中,"形体时间"对确定的运动形体意味着:运动速度越快,留下的运动轨迹越光滑,动物的形体曲线也比它自身静止或慢动之时更为流畅。比如,猎豹走路和奔跑追猎物的情况比较,有风时相对于无风时大树枝条形态的比较。

 实验5 **空间知觉——人脸描述,你能抓住特点吗?**

试验一下你描述朋友面孔的能力。

认知从观察开始,观察的结果经过表达方能与人交流。因为善于抓住特征,漫画家观察后画出的人脸,即使有些夸张,也能让人一眼就看出他画的是谁。

你也可以试试描述你朋友面孔的口头表达能力,看能否得到伙伴们的认同。朋友之间互相描述对方的面孔,既有趣又能练习观察表达能力,游戏还可以锻炼你对人脸过目不忘的本领。

爱因斯坦(1879—1955)

图 1-3

 实验6 **距离感觉——大脑司令部有时也会出错**

材料:两只手

保持你的双手伸展开来,一只手离你眼睛的距离是另外一只手的两倍。尝试对手的大小进行估计。客观上,应该是离你眼睛近的一只手比另外一只手大很多。但是大多数人都认为两只手的大小差别很小,因为大脑知道两只手的大小是一样的。把一只眼睛闭上,看到两只手的大小区别会明显一些。

 **实验7** **知觉表达的遗憾——平面表达立体及其运动**

材料：金属丝、蜡烛

用硬铁丝做一个小方块（或一个八面体），在烛光中，让小方块绕着它自身的一个空间对角线转动。通过感知三维立体实物的旋转似乎可以解释墙上的二维平面阴影图形及其变化。但是，实际出现的却是，过了一会儿阴影的转动方向自发地发生了变化，特别是在一眨眼之后更容易出现这种现象。面对有确定旋转方向的立体实物，它的平面投影图的运动却显得漂浮不定。这是为什么？

再看另外一个更简单的例子，见下面黑白图形：

转动方向确定的八面体，它在墙上投影的平面阴影图却好像会向左转或向右转，表现出转动方向的不确定。

图1-4

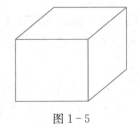

图1-5

你既可以把它看成一个正方形在前方的正方体，也可以把它看成正方形在后面的你家天花板的墙角。看出来了吗？

又一个平面图形表达立体实物的不确定性。

以上两例有异曲同工之妙。因为用平面表达立体实物，总是会丢掉实物的部分信息，从而造成视觉的歧义。

为什么中国水墨画和绝大多数黑白画没有这种歧义性呢？应该是画中的其他各种相关因素，比如背景、环境、颜色深浅、甚至是我们头脑中的思维定势等的补充说明。但就是这样，人们对平面屏幕描写立体景象并不满意，3D电影的热门就在于此。

也有一些经过精心设计的、黑白相间的二维平面图形用来特意表现三维立体像的变化，让人觉得妙趣横生。比如右图立方体的排列，既可以看成是放在地面上的、黑色平面在上的，下面两个立方体，上面一个立方体；也可以看成是吊在房间天花板墙角的、黑色平面在下的，上面两个立方体，下面一个立方体。看出来了吗？

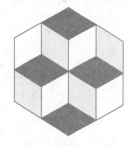

图1-6

二、运动学

 实验8 **火车轮缘上一点的轨迹有倒退,怎么回事?**

你想到过前进中的火车,轮缘上一点的轨迹并非总是一直前行,竟然会出现倒退的情况吗? 听起来,似乎有点不可思议,但确实如此。

材料:啤酒瓶盖,细木条,铅笔

火车轮子边缘附近的点沿一种特殊的轨迹运动。火车轮子都有一个凸出的边缘,即所谓的轮缘,它使一对轮子保持在规定的火车轨道上运动。轮缘上的点在轮子的一次旋转中有一个短时间的后退。

一个火车轮子模型,可以如下方式搭建:(见图 1-7 的左图)在一个啤酒瓶盖子上沿其半径方向固定住一根细木条,使木条的一端比盖子边缘伸出去一点,在木条的远端 D 点处,既垂直于木条又垂直于啤酒瓶盖面的方向上,固定一支铅笔或铅笔头,让笔尖与能留下轮缘 D 点运动轨迹的、与啤酒瓶盖面相平行的、想象中的纸面接触。现在让啤酒瓶盖在一个桌子边缘上滚动,特别注意铅笔尖的运动轨迹。

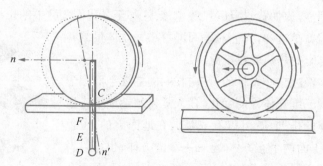

图 1-7 实验装置示意图

在图 1-7 的实验装置示意中,铅笔位于圆圈 D 处,笔尖垂直向里。向左的虚线箭头 n 表示瓶盖前行方向,虚线圆周表示瓶盖前行一小段距离后所在的位置,n' 表示此时对应的 D 的位置。很明显,D 的运动方向向右,与瓶盖前行方向 n 相反。

滚动车轮外侧任一确定点以及滚动火车轮子轮缘上最外侧任一确定点的运动轨迹详见图 1-8 与图 1-9 所示。

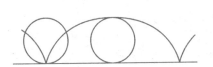

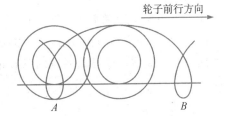

轮子前行方向

图 1-8　滚动车轮最外侧任一确定点所描述的轨迹——旋轮线(即摆线)

图 1-9　滚动火车轮子轮缘上最外侧任一确定点所对应的轨迹曲线(在 A、B 两点附近曲线运行方向与车轮前进方向相反)

原来,轮缘上一点的轨迹有短暂后退的根本原因在于火车轮缘突出于铁轨线。

 实验9　叠加原理Ⅰ——衣夹帮助实现两种运动叠加

材料:两个衣夹,两个小球,一条宽一点的、长约 8 cm 的橡皮筋圈

用橡皮筋圈把两个衣夹中的一个、沿长度方向缠绕(见图中靠前的衣夹)。在每个衣夹中装入一个小球。对缠有橡皮筋圈的衣夹,手在橡皮筋圈外捏紧小球,用力挤压橡皮筋,利用橡皮筋的弹性,把小球硬挤进衣夹。

两个衣夹紧挨着捏在一只手中,用手指将它们同时挤压打开。一个小球竖直落在地上;另一个套有橡皮筋圈的衣夹内的小球被橡皮筋弹射后沿抛物线下落,因为这个小球的运动是由水平运动和竖直下落两个相互独立的运动合成。两个小球的运动轨迹明显不同,但它们会同时着地。这是由于在竖直方向上,两个小球做完全相同的自由落体运动。

图 1-10　两个小球将沿不同的路径下落

实验 10 **叠加原理 II——直尺也可以帮助运动合成**

还可以用如下的方法实现水平和竖直方向两种运动的合成:

材料:长直尺,两个玩具玻璃球(比如玻璃球跳棋的棋子),桌子

用这套装置,人们可以让两个球几乎同时落地,而其中一个球有一个水平方向的分速度。

让直尺离桌子边缘 1 cm、平行于桌子边缘放置。一个球放在直尺伸出桌子边缘的一端,另一个球直接放在桌子边缘上(见图)。给直尺一个撞击,使两个球同时向下落。观察两个球是否同时落在地板上。

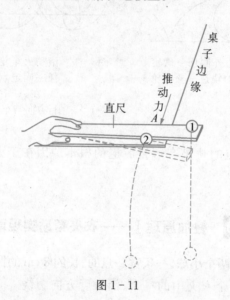

图 1-11

很显然,两小球的运动情况与实验 9(叠加原理 I)完全相同,两小球会同时落地。此实验与实验 9 的不同之处,只在于实验方法的不同。

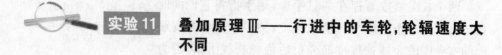

实验 11 **叠加原理 III——行进中的车轮,轮辐速度大不同**

材料:自行车

注意观察一辆慢速前行的自行车的轮子,每次看准轮辐的上部或者下部。下部的轮辐一根一根可以辨认,而上部轮辐却区别不出来。为什么上部轮辐运

动起来要快些呢?

　　实际上,对于行进中的车轮,轮辐上的每一点(比如下图的 A 点和 B 点)都参与了两种运动:一是绕车轮中心轴的转动,一是沿着前进方向向前的运动。对于上部轮辐,比如 A 点,两种运动沿水平方向是同向的,而对于下部轮辐,比如 B 点,二者是反向的。因此上部轮辐运动快,下部轮辐运动慢。

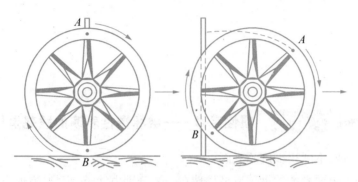

图 1-12

　　左图显示,在同一铅垂线上有两点 A 和 B(由固定在地上的、竖直的杆标记),车轮向右前行后的右图显示,原先的 A、B 与杆的距离大不同。A 点运动速度快,离标杆远,B 点运动慢,离标杆近。

三、牛顿定律(一)

实验 12 　惯性定律——破坏惯性表演的罪魁是什么?

材料:球,不同粗糙度的表面

让一个表面光滑的钢球或玻璃球在一个分别由沙子、织物、玻璃或被磨光的石板形成的水平表面上滚动。哪种球力图保持原有运动状态的能力更强?平面对球的滚动有什么影响?如果球不是在滚动,而是被用粘胶带固定在球上的线拖着在衬垫上滑动,又会发生什么情况?

质量越大,惯性越大,保持原有运动状态的能力越强。因此钢球在平面上滚动的距离比玻璃球远。

对于滑动的球而言,由于球和平面间的摩擦力远比滚动摩擦力大,所以没有线的牵引,球不会滑动。质量越大,所受到的阻碍它运动的摩擦力越大,让球滑动的拉力也越大。因此,破坏惯性表演的罪魁是力。

实验 13 　惯性Ⅰ——书的惰性

材料:书,纸

将书放在一张光滑的纸上面,然后快速地将纸抽出来,书还留在原地。因为惯性使静止的书力图保持静止,并且纸是光滑的又被抽得很快,作用在书上的力很快归于零,于是书得以留在原地、基本保持不动。

实验 14 　惯性Ⅱ——洗澡间里的玩水游戏

请你在一个边缘完好的碗里装满水,手端着碗在洗澡间里走动。走动时,你一会儿快，一会儿又突然慢下来，在忽快忽慢间还可以做停顿。观察碗中水的运动并解释原因。实验结束后再把水擦干净。

碗中的水在游戏开始时是不动的。当你由速度为零到向前走动，你的加速度的方向是向前的。因为惯性，碗中的水力图保持不动，但你手中的碗已前行，于是水表现出与你前行方向相反的运动，往你身上撒。当你继续匀速前行，碗中剩余的水与你手中的碗一起匀速前行，水在碗中相对静止，不再外泄。你从匀速运动减慢速度，说明你有一个方向向后的加速度。碗中的水力图保持原来的速度前行，不愿减慢速度，于是碗中的水向前撒出。

人面向前坐在汽车里，汽车加速启动时，人上身会不由自主向后动，突然刹车时，人上身向前动。道理与以上碗中的水一样，都是物体惯性的表现。

 实验15 **墨水涡流——旋转方向与陀螺相反**

材料：纸板，牙签，墨水

用纸板剪出一个半径约为3厘米左右的圆片，一根牙签穿过圆片的中心，成为一个自制陀螺。在这个陀螺板上靠近圆心处滴少量墨水后，立刻让它旋转（见图1-13）。

图1-13 墨水涡流实验

这些还在渗透的墨水流散开来形成螺旋形，给出一个涡流的图像，如图1-14所示。

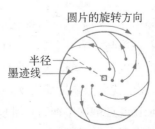

图1-14 墨水涡流 　图1-15 墨水涡流旋转方向与陀螺相反

墨水涡流的理解见图 1-15,图中与图 1-14 相同的黑色墨迹点表示墨水旋转的起始点。墨水由起始点开始,向圆片边缘运动(如图中的箭头方向所示),形成与圆片自身旋转方向相反的涡流线。这点可以从图中一条由黑点起始、向圆片边缘运动的墨迹线与通过墨滴的半径相比较看出来。因为惯性,墨滴运动滞后于圆片的旋转,所以形成与陀螺旋转方向相反的涡流线。

实验16　惯性Ⅲ——与绳子黏不住的黏土球

在一个长约 1 m 的细绳的一端捏一个直径约 2 cm 的代用黏土球(比如橡皮泥的球)。挥动细绳,使绳上的球在你头的上方转圆圈,找出在什么样的加速度时黏土会脱离细绳。

事实上,绳子运动时,因为惯性,黏土球并不想与绳子一起运动,绳子利用土的黏性硬拉着球一起运动。开始时,黏土看起来与绳子一起运动,实际上黏土球的运动比绳子要落后一点。随着加速度的增大,绳子末端的圆周运动的速度也加大,黏土球的运动比绳子落后更多。直到黏性再也不能维持绳与土的结合,黏土就会沿着绳子运动方向相反的切向抛出。

实验17　角速度——"旋转木马"的位置秘密

取一块板(直尺),它的一端有个能插入一颗钉子的洞。请你将板放在地上,

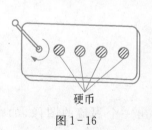

硬币

图 1-16

将相同的硬币分放在整个板上(见图)。紧握住板上穿过洞的钉子,以钉子为转轴在地板上尽可能均匀地旋转板子:开始时慢一点,然后越来越快。尽管所有的硬币在板表面上附着的结实程度大致相同,却总是外侧的硬币先离开"旋转木马"。请你用硬币扫过的角度来比较一次旋转中每个硬币走过的路线。说明为什么外侧的硬币先离开"旋转木马"。

木板上的硬币在木板被转动以前都处于静止状态,当木板旋转时,木板与硬币的摩擦力拉着硬币与木板一起转动。但是,离转轴(即钉子)越远的硬币绕轴的圆周运动的线速度越大,运动状态的改变也越大,摩擦力承受不了硬币运动状态过大的改变,硬币就会因惯性而沿木板转动相反的方向被甩下木板。

对于离转轴比较近的硬币而言,其随板做圆周运动的线速度较小,因而摩擦力对它们的影响大于远距离的硬币,但这些硬币的惯性作用照样在与摩擦力作

斗争,这种力量稍弱一点的争斗,使它们被甩下木板的时间也稍晚一些。

 实验 18　橡皮水管——管内空气旋转排空法

材料:橡皮管,盛满水的提桶

把橡皮管的一端浸入盛满水的提桶中,然后握住管子大约中间部位用力甩动,使管子自由的一端做圆周运动,水就会从橡皮管中流出来。这个实验最好在露天进行。

就像实验 15(墨水涡流)中的墨水滴一样,在橡皮管做圆周运动时,由于惯性,管内的空气并不与管子同步运动,但空气依然以比管子落后的步调沿着与管子旋转相反的方向排出管外,使橡皮管内的空气压强减小,提桶里的水凭借空气压强大于橡皮管内的空气压强而挤进橡皮管,一路前行从橡皮管中流出。

 实验 19　一个蛋的转动惯量——生蛋熟蛋鉴别

材料:一个生鸡蛋和一个煮熟的鸡蛋

人们能借助于旋转的不同,把一个生鸡蛋和一个煮熟的鸡蛋区别开来。让蛋在桌面上绕其自身某一个轴旋转,熟鸡蛋因为转动惯量小而容易启动旋转,它比生鸡蛋旋转的速度快得多,而且旋转的时间也长。生蛋则更多的是滚动,它内部液体状态的蛋黄和蛋清的惯性作用阻碍了蛋壳的旋转。如果想让旋转的鸡蛋停止不转,也是熟鸡蛋容易,生鸡蛋难些。因为生蛋的转动惯量大于熟蛋,也就是说生蛋的惯性大于熟蛋,因此生蛋改变原有运动状态的难度也大。

人们可以把这个实验发展成用细绳把蛋吊起来的另一种做法。先把两个蛋转动相同的圈数,然后把手松开,熟蛋就会开始旋转,其行为像一个通常的扭摆,而生蛋则只是缓慢地来回摆动。

图 1-17

 **实验 20　烛焰的惯性——向着蜡烛运动加速度相反的方向运动**

前面,我们看到了固态、液态、气态的各种物质的惯性表演,让我们看看蜡烛

的火焰会如何表现。先在脑子里分析一下,猜猜它会怎样表现,再做以下实验,你的收获会更大。

材料:燃剩的蜡烛头,玻璃杯,圆形盖子

把燃剩的蜡烛头固定在玻璃杯的底面,点燃它。用手拿着玻璃杯,让它运动,观察烛焰的运动方向与蜡烛运动的关系。你会发现,当蜡烛从静止状态向前运动时,烛焰向后飘动,如果蜡烛从静止状态向后运动时,烛焰则向前飘动。如果你执蜡烛的手足够稳定,能让蜡烛做向前或向后的匀速直线运动,则烛焰可以像静止状态一样,笔直向上燃烧。

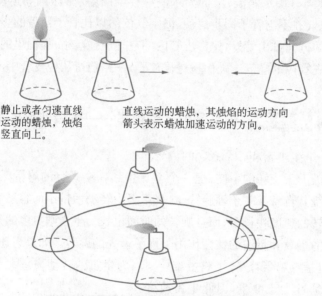

静止或者匀速直线运动的蜡烛,烛焰竖直向上。

直线运动的蜡烛,其烛焰的运动方向箭头表示蜡烛加速运动的方向。

圆周运动的蜡烛,其烛焰运动方向基本上与蜡烛运动方向相反。箭头表示蜡烛圆周运动的方向。

图 1 - 18

手执蜡烛,让它绕着某种圆形物体(如大的锅盖)做圆周运动时,看起来,烛焰飘动的方向与蜡烛在圆周上运动的方向相反。(参见实验15,墨水涡流的图)

实验21　**惯性——水中表演**

以上的有关惯性的实验都是在空气中进行的,在水中情形会如何呢? 按照惯例,还是先想象结果,再具体实验。

先做一个比重小于水的物体的表演。

材料：带有软木塞的瓶子，苯乙烯（白色泡沫塑料）球，线和针

测试一下苯乙烯球，确认它是浮于水的。用针把线穿过球和软木塞。线的长度应该安排合适，使球能在瓶中自由悬挂。给瓶里装进水，用软木塞将瓶子盖好。把瓶子头向下倒过来。使瓶子向一边运动。

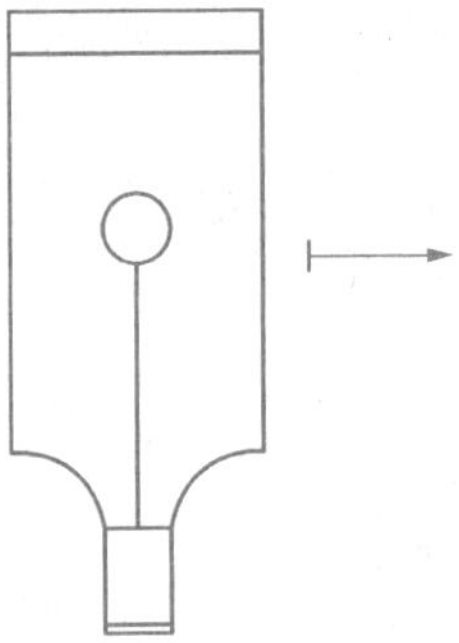

由于瓶子的加速度，球因惯性极力想保持自己原有的状态，而表现出与瓶子反向的运动。

再做一个不同比重的物体在水中惯性表演的比较。

材料：平底带盖的玻璃瓶，软木塞，小重物，线和针，黏胶带（防水的），钉子

在瓶盖上钻一个孔。把重物用一根线吊起来，将线穿过瓶盖上的孔。用黏胶带把线固定在瓶盖上。借助于针使另外一根线穿过软木塞，用黏胶带把线固定在瓶底上。

图 1-19

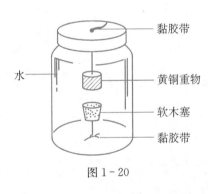

水 —— 黏胶带
—— 黄铜重物
—— 软木塞
—— 黏胶带

图 1-20

给瓶中灌满水，用盖子把瓶子盖好。所用的线必须短到使重物和软木塞不会相接触。现在，用手让瓶子加速。每次都注意观察软木塞和重物的位置。

你会发现，软木塞和黄铜重物均有惯性表现。但因为黄铜的质量大，惯性表现更明显，更不容易改变原有的运动状态，于是比软木塞表现得更沉稳，逆玻璃瓶加速运动方向的运动速度改变更慢。

 实验 22 **惯性——巧与惯性作斗争**

既然惯性是物体保持原有运动状态的能力，力是破坏惯性表演的罪魁，如果巧于对物体施力，就可以阻碍惯性的表演。

材料：两个金属衣架，锤子，硬币

先取一个衣架，用手轻扶着硬币置于衣架的横梁上，放开手后立刻摆动衣架。由于惯性，硬币想保持静止而不与衣架同摆，于是很快落到了地上。

用锤子把另一个衣架的中间部分打扁，使硬币可以放在上面，然后来回摆动衣架。如果有点运气和技能，硬币会在衣架上停留几个来回。

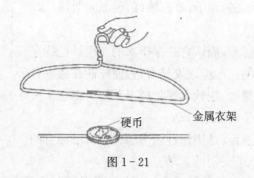

硬币   金属衣架

图 1-21

硬币和打扁的衣架横梁间的摩擦力,使硬币不能很快就掉落到地上。

四、牛顿定律(二)

 实验23 **力和加速度Ⅰ——手推车的省力诀窍**

材料:装有重物的手推车

让静止不动的手推车慢慢地运动起来。推它一段路,再让它慢慢地停下来。

重复以上实验,但这次用很短的时间使手推车达到上次实验的速度,然后在很短的时间内使它停下来。注意你在这两种不同情况下,所花费的力气有何不同。哪种情况更省力?

慢启动、慢停车,表明手推车启动加速度和停车时的逆向加速度都比较小,而快启动、快停车,相应的两个加速度都比较大。推动手推车前行和使其停下所用的力与加速度成正比,使用手推车时,慢启动、慢停车更省力。这对刚好能驾驭手推车而力气又不是很大的人,感觉会更明显。

 实验24 **力和加速度Ⅱ——弹力与加速度**

材料:两个空的酸奶杯,细金属丝,两个金属丝小环,沙子,直尺,橡皮筋,支架

取两个空的酸奶杯,在它们一半高度的杯内中心处,想办法(如借助金属丝)各安装上一个金属丝小环。一个杯里装进1/3的沙子,另一个杯子装进3/4的沙子。

然后将一根橡皮筋的一端固定在酸奶杯里的金属丝小环上,另一端固定在支架高处的水平横梁上。用直尺测量一下,橡皮筋原长多少厘米。一只手将杯子握住,让橡皮筋铅垂拉直,把杯子放在桌面上,再测量一下,橡皮筋伸长了多少厘米。然后,放开握住杯子的手,观察由此产生的反应。

重复以上实验,但这次使橡皮筋的伸长量是上次的两倍,注意观察所发生的变化,以比较物体受力增加一倍,加速度如何变化。

用另一个杯子,做同样的实验。比较两个不同重量的杯子所做实验的观察结果,以探究物体质量对其加速度的影响。

继续改进实验,将杯子用两个相同的橡皮筋沿着不同的方向拉伸,分别试验两根橡皮筋的夹角为90°和180°的情况,以探究两个力共同作用于物体,对物体加速度的影响。

橡皮筋

细线

杯沿外翻的空酸奶杯

橡皮筋圈

图 1 - 22

通过此实验能够体验到,加速度与力的大小成正比,与质量大小成反比;两个力的合力方向与大小决定物体所受的力。

本实验中的材料准备看似复杂,你完全可以简化。通常酸奶杯口有向外翻的杯沿,你甚至可以用一个小橡皮筋圈套在杯子外侧,再在橡皮筋圈上连接结实的细线,最后在细线上固定橡皮筋(见左图)。这样做起来也许比用细金属丝更方便。实际上,本书许多实验材料都可以因地制宜,就地取材,也能取得同样的实验效果。

实验25 接住鸡蛋——控制加速度,减小物体受力

材料:生鸡蛋,床单,两个助手

两个助手垂直握住床单的四个角作为接住鸡蛋的大布。这里必须在床单的下方为鸡蛋的停留设一个"兜",床单不能绷得太紧。然后你对着床单扔鸡蛋,鸡蛋会通过床单慢慢地被刹住而不受损伤。因为作用在鸡蛋上的力 F 正比于速度的变化率。速度改变时间长,说明加速度 a 小,根据牛顿第二定律:$F = ma$,鸡蛋的质量 m 没有改变,加速度 a 小,鸡蛋受的力 F 也小。鸡蛋受到的力越小,保全鸡蛋不被摔坏的可能性就越大。

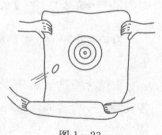

图 1 - 23

 **实验26　质量和加速度——橡皮筋和衣夹来诉说**

材料：尺子，4个衣夹，橡皮筋圈

将尺子放在桌子上。用橡皮筋把两个衣夹连起来后，拉动衣夹，使两者相距15 cm。放开衣夹，注意观察两个衣夹在何处相碰。

然后，你在一个衣夹上再夹上另外一个衣夹，相当于衣夹的质量从 m 增加到 $2m$，拉动衣夹，使橡皮筋圈的伸长与上一次相同，既衣夹受到的橡皮筋的拉力 F 不变。重复以上实验。

衣夹相碰的位置向两个衣夹的方向挪动，说明在同样的橡皮筋弹力 F 的作用下，质量 m 越大，加速度 a 越小，因而移动的距离越小。符合牛顿第二定律 $F = ma$ 的理论公式，在力 F 不变的条件下，质量 m 越大，加速度 a 越小，因而在橡皮筋松弛的相等的时间内，移动的距离也越短。

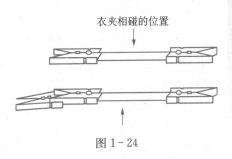

衣夹相碰的位置

图 1-24

最后还可以在同一端再加上第三个衣夹，继续验证以上的结论。

 实验27　力与加速度的匹配——旋转的伞面

材料：雨伞

当人们打开雨伞，即仅仅把锁定装置解开，伞并没有撑开时，手执伞把作为长轴，让伞面绕轴旋转运动，伞会被撑开。旋转的频率越高，伞被撑开得越大。

如图1-25所示，旋转的频率 ω 越高，伞面骨与撑伞骨的交点 A 在水平面内圆周运动的向心加速度 a 也越大（$a=\omega^2 R$，R 是水平面内圆周运动的半径）。因为伞骨 $OA = OA'$ 的长度是固定的，只有把伞撑开，即加大圆周运动的半径（$R > R'$），才能维持伞骨支撑点 A 在水平面内做圆周运动（图1-25的虚线圆周）所需要的向心力。具体的演绎见稍后的公式推导。

大型游乐园里摩天轮的刺激游戏（见图1-26）的原理与此相同：轴转得越快即旋转频率 ω 越大，坐在天车里的人被荡得越高。

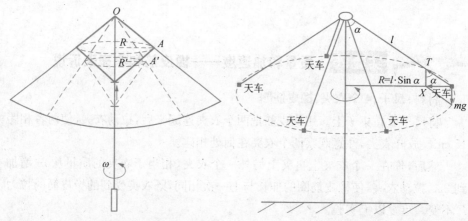

图 1-25　旋转频率 ω 越大,伞撑得越开　　图 1-26　旋转频率 ω 越大,天车荡得越高

因为旋转撑伞和摩天轮的原理相同,而后者的实物更加清晰明了。因此,我们以摩天轮为例进行计算,进一步定量地说明,为什么旋转频率 ω 越大,天车被荡得越高。

按照力合成的平行四边形法则(见实验31,力的合成),天车的重力 mg 和钢索的拉力 T,合成天车在水平面上做半径为 $R = l \cdot \sin \alpha$(其中 l 是钢索的长度)的圆周运动所需要的向心力 X。天车荡得高,不仅意味着圆周半径 R 大,也意味着顶角 α 大。

根据牛顿第二定律,向心力 X 等于质量 m 乘以向心加速度 $\omega^2 R$:

$$X = T \cdot \sin \alpha = m\omega^2 R = m\omega^2 l \cdot \sin \alpha \Rightarrow T = m\omega^2 l \tag{1}$$

另一方面,

$$T \cdot \cos \alpha = mg \tag{2}$$

式子(1)和(2)给出:

$$\cos \alpha = \frac{g}{\omega^2 l} \tag{3}$$

在 $\alpha = 0° \sim 90° \left(\dfrac{\pi}{2} \right)$ 的范围内 $\cos \alpha$ 是随着 α 增大而值减小的函数(见图 1-27),

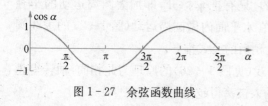

图 1-27　余弦函数曲线

(3)式说明旋转频率 ω 越高,$\cos \alpha$ 值越小,α 角越大,或者说圆周运动的半径 R 越大。这与图 1-25 中转伞的频率 ω 越大伞撑得越开以及图 1-26 中转轴旋转频率 ω 越大天车荡得越高是一致的。

五、牛顿定律（三）

 **实验28** **作用＝反作用——比赛谁的力气大？试了再说话**

材料：两把办公室转椅，一根绳子

两椅相距 6 m 左右，安置在一个平坦的场地上。两个尽可能等重的人分别坐在两把椅子上，每人手执绳子的一端，然后让他们拉绳子：先是让一个人拉，而另一个人只是握住绳子，然后两人交换角色，重复以上实验，最后两人同时拉绳。两把椅子在各次实验中会在什么位置相碰？你预测的结果是什么？实验验证的又是什么？

因为作用力等于反作用力，以上各种情况的效果均相同，两椅均在 6 m 的中间位置相碰。

要用这种方法来比赛谁的力气大，肯定是要失算了。

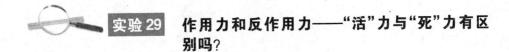 **实验29** **作用力和反作用力——"活"力与"死"力有区别吗？**

将一只手置于身前，在没有其他帮助的情况下将手指向后弯曲，你的手指向后弯曲不了多少。让你的另一只手来帮忙，拇指与拇指、食指与食指等依次相对，让手指间相互向后挤压，你可以使手指尽量向后弯曲。这是一只手的手指挤压另一只手的手指向后，称为"活的力"，也就是说，力是两个手指间的相互作用。现在，你再一次用一只手做实验，这次你可以用确定的手指对着桌面或墙壁挤压。墙壁压手的力是 F_{WH}（W：墙，H：手），手压墙壁的力是 F_{HW}，两者大小相等，方向相反。就像墙壁这样"无生命"的东西也能施加力。

就此而言,"活"力与"死"力没有区别。

 实验30 **相互作用——立定跳远的外部助力**

你站在一个普通的脚垫上向前跳,再用一个防滑垫重复以上动作。什么情况下你可以跳得更远?

因为鞋与防滑垫的摩擦力大于鞋与普通垫的摩擦力,利用摩擦力,脚能对防滑垫施加更大的力,与此同时,防滑垫也会对给它施力的脚施以同样大的反作用力,推动人身体前行,也就是说,可以使人跳得更远。

想象一下,摩擦力更小的极端的情况,如果不穿冰鞋,你在冰面几乎不能立定跳远。这能使你从反面更好地理解摩擦力对立定跳远的重要作用。

六、力

实验31　力的合成——橡皮筋和图钉帮你找方向

材料:纸,木板,三个图钉,两根橡皮筋圈

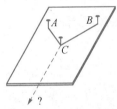

图1-28　实验方法
示意图

　　将纸放在木板上,在纸上钉上两个图钉,把一根橡皮筋圈绕在两个图钉上。再用第三个图钉张紧橡皮筋,使与之相关的两边的橡皮筋的长度不等。用笔把橡皮筋的位置描画下来。

　　把第三个图钉拿走。将第二根橡皮筋带绕在第一根橡皮筋带上,向后拉动它,使第一根橡皮筋与刚才的位置完全相同,应该朝什么方向拉动?

　　你拉动第二根橡皮筋,使第一根橡皮筋与原来位置完全相同,则第二根橡皮筋的方向即为第一根橡皮筋原来所受合力的反方向(见图1-29),且大小与第一根橡皮筋原来所受合力的大小相等。

　　按照二力合成的平行四边形法则,第一根橡皮筋沿 CA 和 CB 两个方向受力,它们的合力沿 CD 方向。而第二根橡皮筋的拉力 CD' 应该与力 CD 大小相等,方向相反。因为只有这样,整个橡皮筋系统所受的合力为零,才会使系统处于静止不动的状态。在初始一根橡皮筋,三颗图钉的情况下,力 CD' 是由图钉 C 对橡皮筋的挤压提供的。

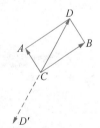

图1-29　二力合成
的平行四
边形法则

实验32　力的分解Ⅰ——平行四边形法则教你二人合作

材料:带两个把手的重物(比如有柄的篮子)

两个人一起将重物抬起来,他们应该怎样选择相互间的距离?

你和你的伙伴可以尝试不同的抬法,体验一下哪种抬法比较省力。这个问题可以用二力合成的平行四边形法则来解决。如下图:

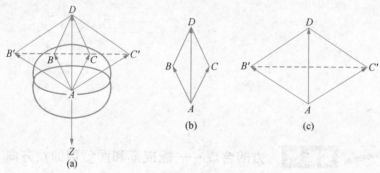

图 1 - 30

A 为篮子的重心,篮子所受的重力为 AZ,两人向上抬篮子的合力为 AD(见图 1-30(a));AB、AC 为两人相互距离较小时,即两人用力的夹角较小时,两人分别用力的大小(见图 1-30(b));而 AB′ 和 AC′ 为两人相互距离较大时,即两人用力的夹角较大时,两人分别用力的大小(见图 1-30(c))。

当两人的合力 AD 的大小和篮子所受的重力 AZ 相等时,篮子就被抬起来了。两个人用力的大小相等时,合力在二力的角平分线上,合力的方向和大小最容易确定。我们只研究这种情况。从图中可见,显然 $AB < AB'$,$AC < AC'$。所以在行走方便的条件下,两人相互距离尽可能小时抬篮子更省力。

实验 33 **力的分解 II ——扫地的技巧**

材料:扫帚

人们在扫地时,应该把扫帚放得平坦些,还是把扫帚立起来为好?哪个力的分量在此起主要作用?拿着扫把扫扫看,仔细体会一下。

先观察一下我们现在常用扫把的结构(见图 1-31),手把与水平方向成 60°角,手柄装在把扫帚沿水平方向分成大约 1/3 和 2/3 的分界处。这种设计本身是为了人们用它扫地更方便把握。

显然,像图 1-31 那样,让扫把平面与地面垂直摆放是不行的。因为人扫地时用的力,几乎没有水平方

图 1 - 31 扫把结构

向的分力,无法扫地。

通常人们使用这种扫把时,扫把所在平面与地面成 60°角左右,如图 1-32 所示。扫把在这种位置时,人扫地所用的力 R 作用在地面上既有比较大的垂直分量 N,使扫把能拦住垃圾,迫使它向水平方向运动而不被漏扫;同时,人作用在地面上力 R 也有水平分量 F,水平分量 F 的反作用力 F' 作用在扫把上,使人可以把垃圾扫走。而扫把所在平面与地面成 60°角的位置,使扫地人弯腰角度很小,因而人不容易累。

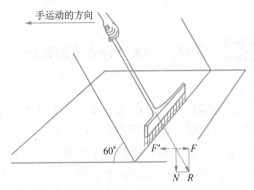

图 1-32 通常扫地时,扫把平面与地面成 60°角

 **实验 34** **一个鸡蛋的强度——拱桥智慧的源泉**

材料:一个鸡蛋(也许煮熟的更好)

在一定情况下,要将一个鸡蛋压碎真的是困难的。人们试着把蛋在手掌之间挤压,并让压力只是作用在蛋的两端,这就需要人使很大的劲儿才行(在蛋被压碎之时,要当心)。这种鸡蛋的稳定性原理与教堂的拱顶和桥的稳定性是相同的。

利用力的分解法则,可以解释为什么拱形能承受较大的压力。

图 1-33

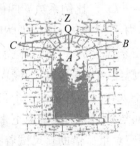

图 1-34

如图 1-34,重物 Z(比如,拱形窗上的砖头)压在碛形石头 Q 上,压力大小为 A,因为碛形石头上大下小,不会落下,它只能把力压在邻近的两块石头上,按照力分解的平行四边形法则,A 力被分解成 B 力和 C 力,B、C 二力又压在它们自己相邻的石头上……因此重物 Z 不能把拱门压垮。

但是如果从拱门里面向上用力,因为碛形石的上大下小,碛形石 Q 很容易从下向上被敲出石拱门。

鸡蛋的拱形,让母鸡孵小鸡时不会把蛋压碎,而弱小的小鸡又可以轻易地啄破蛋壳,获得新生。大自然真不愧是一个天才的设计师。

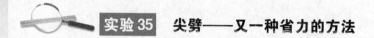

实验 35 尖劈——又一种省力的方法

材料:两颗钉子,木板,锤子

首先把一颗钉子的尖端锉平。再尝试用锤子将两颗钉子都钉进木板。钉尖的作用就像一个尖劈。看看哪一颗钉子更容易钉进木板,为什么?

尖钉更容易钉进木板。钉子的尖端像一个尖劈,使垂直向下的敲打钉子的力向侧面分解,挤压木板,使钉子更容易敲进木板。

钉尖被锉平的钉子,其尖端不再像一个尖劈。钉子侧向挤压木板的力大大减小,钉子被木板中的木质紧紧包围,前行当然就要困难很多。

顺便提一下,钉子只有用锤子敲打而不是挤压,才能钉进木板。因为敲打时锤子在极短的时间内,速度从很大突然变到零,使钉子获得很大的冲力,以克服阻力,把钉子打进木板。

实验 36 胡克定律——自己动手验证科学定律

胡克(Robert Hooke 1635—1703)定律说的是,在弹性限度范围内的一弹性体伸长或者缩短时,其横截面两边的相互作用力 F 的大小正比于它长度的伸长量 x,即 $F=-kx$。比例系数 k 叫做劲度系数或者倔强系数,有时也叫弹性系数,负号表示力 F 与伸长 x 的方向相反。它是英国实验物理学家胡克发现的。

让我们也来像科学家一样,体验一下胡克定律的发现过程。

材料:金属丝,小砝码,直尺,橡皮筋

用一根不太软的金属丝做一个自制弹簧(把金属丝盘绕在一支铅笔上,然后把绕好的金属丝从铅笔上整个撸下来)。将弹簧悬挂起来,在它下面挂上不同质量的物体,使它负重。借助直尺试着找出弹簧的伸长量 x 与物体重力 F_g 的内在联系。对于多种弹簧材料,得出 x 与 F_g 之间较稳定的比例关系。用图线把结果描绘出来,确定出曲线的斜率。再用橡皮筋做同样的实验。

胡克从著名的牛津大学毕业,他最早做成反射望远镜,最先用螺旋弹簧调整钟表。他兴趣广泛,但有时会放弃一些成功有望但进展缓慢的实验,虽然半途而废,却也启迪了他人。他曾陈述过引力与距离的平方成反比的定律,他对重力的一些认识甚至比牛顿还早。

 实验 37　斜面——坡度和弹力的较量

材料:两把长度不同的直尺,一堆书,橡皮筋,一个小玩具汽车

将直尺斜靠在书堆上,建造斜面。将橡皮筋与玩具车相连,相继在两个不同陡度的斜面上往高处拉动小车(见图 1-35)。请你比较两种情况下橡皮筋的伸长量。

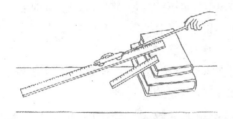

图 1-35　实验设施与方法

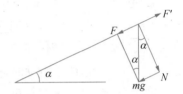

图 1-36　小汽车重力 mg 沿平行于斜面和垂直于斜面的方向分解

如图 1-36 所示,斜面越陡表示斜面坡度 α 角越大。小车重力 mg 沿斜面的分量为 $F=mg\sin\alpha$,因为 $\sin\alpha$ 在 $\alpha=0\sim\dfrac{\pi}{2}(90°)$ 的范围内是增函数,所以 α 角越大,F 也越大。在不考虑小车与斜面摩擦力的情况下,橡皮筋的拉力 F' 要等于重力沿斜面分力的大小 F,即 $F'=F$,才有可能拉动小汽车,F 增大自然也要求橡皮筋伸长量加大,以满足拉力 F' 增大的要求。

这就像拉车上坡,坡越陡,所需的拉力就会越大,拉车人就越觉得费力一样。

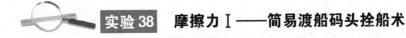 **实验 38　摩擦力Ⅰ——简易渡船码头拴船术**

材料:用来捆扎东西的细绳,圆棒

取一段细绳将其套在一根结实的圆棒上(圆珠笔、瓶颈,甚至是一根手指),

你拉绳的一端,应该很容易拉动。现在,把绳子缠在棒上多圈,包住棍棒,再次拉拉绳子！然后再用绳继续在棍棒上缠绕更多圈,继续包住棍棒,直到细绳不再能被拉动！

绳子在棍棒上缠绕的圈数越多,绳与棍棒的摩擦力越大,就越难以拉动绳子。

简易的渡船码头上,船到岸时要用缆绳在岸边结实的立桩上,来回缠绕以拴住渡船。其原理与这个实验相同。

实验 39　摩擦力 II——与接触面粗糙程度相关

摩擦力 F 与正压力 N 和摩擦系数 μ 有关($F=\mu N$),而摩擦系数 μ 则与相互摩擦的两个面的性质有关。体验一下吧。

材料:木板,砂纸,小而重的一段木头,钉子,橡皮筋

把砂纸固定在木板一半的位置上,在小木块上钉上一颗钉子,在钉子上拴一根橡皮筋(见图 1-37)。

请你用橡皮筋在木板上拉动木块,观察木块在木板上和砂纸上滑动时,橡皮筋的不同的伸长量。

图 1-37

表面越粗糙,摩擦系数 μ 越大,摩擦力 F 也越大。因此,小木块在砂纸上滑动时比在木块上滑动时造成的橡皮筋的伸长量要长。

实验 40　寻找棍棒的重心——静摩擦力和滑动摩擦力的胜败交替

材料:一根棒

两手相距 1 m 左右,拿住一根棒,使棒横躺于你两只手食指的外侧之上。慢慢地将两手移动靠拢,棒会交替地在两只手指上滑动,直到两手在重心之下相会。

这个实验显示了静摩擦力和滑动摩擦力的竞争。在离开棒重心较远的第一个手指上,棒给手指的压力 N 较小,而摩擦力与正压力 N 成正比(见实验 39 摩擦力 II),因此静摩擦力也较小,该手指在棒下向着棒重心的方向滑动。这使该手指距离棒重心的距离逐渐减小,棒给该手指

图 1-38

的压力 N 就会逐渐增大,相应的棒与此手指的滑动摩擦力也逐渐加大。当滑动的第一个手指距离棒重心的距离小于另外第二只原先不动的手指时,棒施加在这个手上的滑动摩擦力就会大于第二手指上的静摩擦力,于是第一手指成了不再滑动的支点,第二手指则在棒下向着棒重心的方向滑动,第二手指离开棒重心的距离就会逐渐缩短,直到短于第一手指距棒重心的距离,于是第二手指再次成为不动的支点,第一手指开始滑动……如此交替往复,直到两手指会合于棒的重心之下。

也许有读者会问,两手指离开棒重心的距离相等时会出现双手都动不了的情况吗?两手的交替运动中间会有短暂的停顿,但找重心的过程不会出现困难。不信,自己做做实验就知道了。

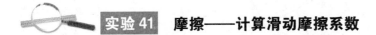

实验 41　摩擦——计算滑动摩擦系数

材料:多个直径相同但高度不同的圆柱体(比如木质圆柱体)

把一个圆柱体的底面放在一个斜置的比较光滑木板上,使圆柱体站立在斜面上。当圆柱体的规格相对于它与斜面的滑动摩擦系数 μ 在一个确定的比例之内时,圆柱体就会保持站立地在斜面上滑动,而不会倾倒。

每次都以相同的碰撞力去碰这个圆柱体,观察圆柱体是否保持站立并不倾倒。为此,如下的定量条件需有保证。即:圆柱体高 h 可允许的最大值应等于比例值 d/μ,其中 d 是圆柱体的直径,μ 是滑动摩擦系数。即 $h \leqslant d/\mu$,为什么?具体原因后面解释,先来求 μ 的大小。

我们可以用如下近似的方法确定系数 μ:把木板斜置,在斜板上放一个站立的小圆柱体。给圆柱体一个撞击,当圆柱体在斜面上向下滑动之时,观察它的速度。如果它的速度是一个常数,则有 $\tan\alpha = \mu$(角度 α 为斜面与水平方向的夹角)。

计算原理何在?请看如下分析:

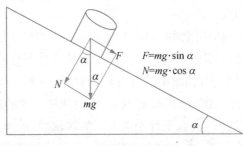

$$F = mg \cdot \sin\alpha$$
$$N = mg \cdot \cos\alpha$$

图 1-39

斜面上的圆柱体,重力可以分解成垂直于斜面的正压力 N 和平行于斜面的下滑力 F,当圆柱体在斜面上匀速滑动时,说明它受到一个与下滑力 F 大小相等方向相反的摩擦力 $F' = F$,注意到摩擦力等于正压力乘以摩擦系数 μ,即 $F' = N\mu$,于是有:$F = mg\sin\alpha = N\mu = mg(\cos\alpha)\mu \Rightarrow \mu = \dfrac{\sin\alpha}{\cos\alpha} = \tan\alpha$。

很明显,一个均匀的圆柱体,在斜面倾角 α 确定的前提下,如果圆柱底面的直径 d 越大、圆柱的高 h 越小,则该圆柱站立在该斜面上越稳定,越不容易倾倒。其理由分析如下。

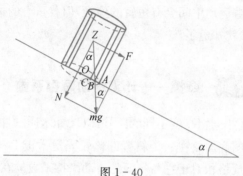

图 1-40

如图,站立在斜面上的均匀圆柱体的倾倒,总是伴随着重心 Z 绕过圆柱体与斜面接触最下侧的点(比如图中的 C、B、A 点)且平行于水平面的转轴、按顺时针方向的转动而实现的。

设站立在斜面上的圆柱体重心在 Z 点,底面圆的圆心在 O 点,若底面圆的直径为 d,则半径 $OB = d/2$,圆柱体高为 h,则重心 Z 到底面的距离 $OZ = h/2$,假若 $\tan\alpha = \dfrac{d/2}{h/2} = d/h$,则从圆柱体重心 Z 出发的重力线 mg 正好通过圆柱体底面上与斜面接触的最下方的点,如图中的 B 点,即与可以使圆柱体倾倒的转轴线相交于 B 点,这时重力贡献的、使圆柱体倾倒的力矩为零,圆柱体处于在斜面上站立和倾倒的边缘。

想象一下,设圆柱体底面圆心 O 的位置不变,圆柱体的高度 h 也不变,则圆柱体的重心 Z 的位置就不会改变,重力线 mg 的位置也不会改变。

但若底面直径 d 变大,如图中过点 A 的、圆柱体的侧棱线所示的圆柱体,则 d/h 的值变大,这时重力线 mg 的位置没变,但使圆柱倾倒的转动轴在斜面上向下移动,变成位于穿过 A 点的、平行于水平面的转轴线,而重力线 mg 位于此转动轴的左侧或斜面的上方,重力的力矩使重心 Z 绕转轴线沿逆时针方向转动,起着防止圆柱体倾倒的作用。

如果圆柱体底面直径 d 变小，高度 h 不变，则 d/h 的值变小，如图中过 C 点的圆柱体的侧棱线所示的圆柱体，则欲使圆柱体倾倒的转动轴线上移，到了在穿过 C 点的、与水平面平行的方向上，而重力线 mg 在它的右侧或斜面的下方，重力 mg 的力矩使圆柱体重心 Z 绕转轴线顺时针转动，促使圆柱体出现倾倒的趋势。

因此要使圆柱体站立在斜面上不倒的条件是 $d/h \geqslant \tan\alpha$，但前面推导已知 $\tan\alpha = \mu$，于是有 $d/h \geqslant \mu$ 即 $h \leqslant d/\mu$。

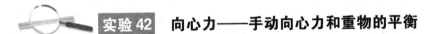

实验 42 向心力——手动向心力和重物的平衡

取一段大约 $1.5\,\mathrm{m}$ 长的绳子，利用粘胶带将其一端固定在一个玩具玻璃球上（或者在绳的末端系上一个钥匙串、一个锁住的小锁作为挂件等也可以）。让绳的另一个端穿过一个当作把手用的麦秆或者饮料吸管后，再把绳的这一端与一个开口朝上的纸杯或塑料杯（比如空酸奶杯）固定相连（绳子与空杯子的固定方法可以参考实验 24（力和加速度 Ⅱ）中的图 1-22），在杯中装一些玻璃球（或零散的小钥匙）。

现在，让固定好了的玻璃球或挂件，在你头的上方转圆圈（见图 1-41）。允许玻璃球或挂件有不同的轨道半径 r。在球转圈的过程中，请一个助手往杯中增加小球或者零散小钥匙的数量。观察结果是什么

图 1-41

你会发现，当杯中质量不足时，随着拿吸管手的转动，质量为 m 的玻璃球或者挂件做圆周运动的同时，绳子会从吸管上方快速伸出，使玻璃球或者挂件的旋转半径 r 越来越大，旋转的角速度 ω 也会随着半径的增大而减小。为了阻止绳子从吸管上方伸出太快，必须赶快向杯中投入重物（玻璃球或者小钥匙），以保证整个系统的稳定运转。

绳子通过人手给玻璃球或者挂件提供了圆周运动的向心力，旋转的玻璃球或者挂件就给绳子施加了一个反作用力——离心力，这个离心力与向心力大小相等、方向相反，它以吸管顶端即玻璃球或挂件圆周运动的圆心 O 为中心，沿绳子向外，拉着绳子在吸管顶端向外伸展。而杯内重物给绳子的拉力，使绳子垂直向下。离心力和拉力同时作用在绳子上。借助于执吸管手的控制，可以使穿过吸管的绳子上下两个末端处于相对稳定的运动状态：绳的上部末端的玻璃球或

挂件做圆周运动,绳的下部末端的杯子以过吸管顶点 O 垂直于地面的铅垂线为转轴不断地沿着与玻璃球相反的方向旋转。

另一方面,旋转的玻璃球或者挂件做半径为 r 的圆周运动,说明它受到的合力只是一个通过绳子给它的向心力,它自身的重力以及重力相对于吸管顶端圆心 O 的力矩,通过执吸管的手的作用而得到平衡。因为合力向心力通过圆心,它对玻璃球或者挂件相对于圆心的力矩为零。玻璃球或者挂件的角动量 $J = mrv$ 守恒,其中 v 是圆周运动物体的切向速度 $v = r\omega$,角动量 $J = mr^2 \cdot \omega$,角速度 $\omega = \dfrac{J}{mr^2}$ 说明做圆周运动的玻璃球或者挂件的角速度与运动的半径平方 r^2 成反比。

实验 43　引力——一个薄膜模型

材料:桶或者洗涤剂筒,薄膜(应该是可伸缩的那种),橡皮筋,黏胶带,金属球(直径约 2 cm),玻璃球或者更小的球

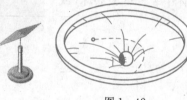

图 1 - 42

把薄膜在桶上或者洗涤剂筒上张开,用橡皮筋和黏胶带将其固定。让一个小球在膜上滚动。小球使薄膜弯曲,但小球沿直线滚动,因为薄膜上没有其他的东西。现在把一个重的球放在薄膜的中心,再让小球滚动。小球不再沿直线滚动,而是绕着重球沿着弯曲的轨道滚动。如果薄膜足够大,您可以在薄膜上多放几个大球,重复以上实验。

这是一个很直观的引力模型,虽然小球的运动并非仅由大球的引力而来。但它借助于薄膜,把广阔无垠的宇宙中行星的运动在很小的模型上非常直观又不完全丢失科学性地展现在你面前,帮助你找到更科学的想象。

七、简单机械

 实验 44 **杠杆原理——检测力矩平衡**

材料:长直尺,铅笔,相同的硬币若干枚

在直尺中点的下方,竖直放一根铅笔,用黏胶带把铅笔固定在桌面上,使直尺处于平衡状态。然后,在直尺的两端放两枚相同的硬币,并让直尺再一次达到平衡。你可以尝试用多枚硬币,距铅笔不同的距离,实现直尺的平衡。每次你都记录下硬币的个数和所处的位置。

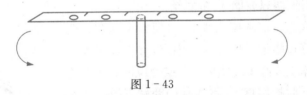

图 1-43

以铅笔为基准,记录下铅笔左边每枚硬币在直尺上到铅笔的距离,把这些距离相加所得的和,就是左边硬币相对于铅笔转轴的总力矩。因为每枚硬币质量相等,设一枚硬币所受重力为 1 个单位,力矩=力×力臂,公式中的力只需用硬币的个数表达即可。同理,铅笔右边硬币的总力矩则为右边每枚硬币到铅笔的距离之和。左右两边总力矩相等,则直尺处于水平平衡状态。否则,左侧力矩大于右侧,直尺将向左边倾倒。右侧力矩大于左侧,直尺就会向右边倾倒。

实验45 **杠杆——自制演示仪**

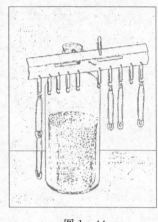

图 1-44

材料:便宜的塑料直尺,回形针,别针,带软木塞的瓶子,金属丝

一个简单的用于实验的杠杆可以如下建造:

用热的金属丝在直尺的中心钻一个洞作为轴。接着在直尺的一侧每隔2 cm对称地钻一个洞。穿过洞插入被改短了的回形针。然后,直尺被安放在瓶子上插入软木塞的金属丝上。为了使杠杆能处于平衡状态,人们可以用一个回形针作为游码插在直尺上(见图1-44)。重物则是利用别针来充当。

 实验46 **蜡烛跷跷板——活动的杠杆**

材料:蜡烛,两只玻璃杯,金属丝

把蜡烛底面一端刮掉一些蜡,以便露出烛芯。把一根金属丝穿过蜡烛长度方向的中点,并将金属丝平放在两块积木上或两个玻璃杯上。蜡烛应该处于大约平衡的状态。收拾好桌子,将蜡烛的两端点燃。两端都会滴蜡,当然,由于蜡烛倾斜的缘故,重的一头会滴下较多的蜡。但是,过了一会儿,另外一头会转向较低的方向,两头燃烧的蜡烛会像小朋友们玩的跷跷板一样,交替变换着倾斜的方向,直到蜡烛燃尽(见图1-45)。

图 1-45

我们平时固定一头燃烧的蜡烛时,总是把蜡烛倾斜,让蜡油快一点滴在底座上,以便用蜡油把蜡烛固定。两头燃烧的蜡烛,重的一头因为向下倾斜,蜡油的滴出会比较快而且多。时间一长,重的一端反而变轻了,于是上行,成为了轻的一端,滴蜡减少。而跷跷板下行的一端,因为下行而倾斜,滴蜡增多。过一会儿又会变轻,如此反复循环,两头燃烧的蜡烛就成了自动跷跷板。

实验47 **定滑轮——线轴定滑轮**

材料:线轴,金属丝,两个小盒子,线

将金属丝穿过空的线轴。用线把两个小盒子连接起来,让线跨过滑轮。现在,你只要在一个盒子里放进更重的东西,就可以将另一个盒子里的负载(比如硬币)提升。

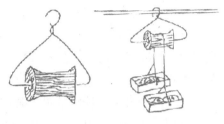

图1-46

 实验48 **棒式下落机械**

材料:圆杆棒,线,回形针

取一根表面光滑的圆杆棒(比如圆珠笔),把两个末端分别放在支架上,使圆杆棒能以其长轴为轴自由转动。将一根线跨过圆棒,线的两端各系上一个回形针。使回形针的外侧的头成弯钩状,再分别在两端的回形针上每次各挂上大约10个相同的回形针,整个系统处于平衡状态。你将一个回形针从一端取出,挂到另一端去。现在系统运动了。再将第二个回形针取出,挂到另一端去!继续往下如此操作,并注意观察!你就会看到如同实验47(定滑轮)中一样的现象,重的一端下行,轻的一端上行,如图1-47所示。

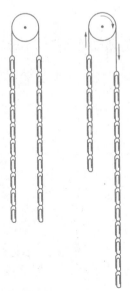

图1-47

图1-48

实验49 **滑轮组——以少胜多的棍棒滑轮组**

材料:两根结实的棍棒,结实的绳,两个助手

请两个助手,各抓紧一根棍子。你则按照图1-48所示的样子,将绳子绕在棍子上。现在,当你拉动绳子,你可以使两根棍子相向而动,即使两个执棍的人试图将棍子分开也无济于事。

这里凡是绳索与棍棒接触的地方,相当于绳子挂在可动的动滑轮上。

利用滑轮组可以用小力胜大力,由此可见一斑。

 实验50 **传动比——自行车棘轮传动比模拟**

材料:两个不同大小的滚筒(比如带洞的空罐头盒和绕线的空线轴),橡皮筋,木板,两颗钉子

在木板上钉上两颗钉子,把两个滚筒的轴安置在钉子上。用几根橡皮筋将两个滚筒连在一起。用手转动大滚筒,小滚筒会以比大滚筒快很多的转速转动。

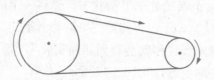

图1-49

观察:自行车。脚蹬子使大棘轮慢速转动,通过链条带动小棘轮快速转动,与本实验的传动关系类似。

八、下落实验

实验51 **"施了魔法"的木球和铁球下落实验**

材料:木球,铁球(两种球的大小尽可能一样)

向一个小孩出示尽可能一样大,但质量不同的两个球,例如:一个木球,一个铁球。让小孩拿着这样两个球玩。然后问他,如果让两个球同时从相同的高度下落,哪个球可能会较早着地。一般来讲,小孩会预言,因为重球落得快,重球会先着地。这时,你可以向小孩宣告,对小球施以魔法可以让它们下落得一样快。宣告完毕,进行实验。检测一下,你的魔法是否灵验。你是否明白,为什么这种花招会成功? 它与日常生活经验不矛盾吗?

从物理科学的角度讲,木球和铁球所受的地球吸引的重力不同,二者的质量也不同,但是它们的重力加速度 g 是相同的。它们从同样的高度下落,有同样的初始速度和加速度,因此它们必然同时落地。

日常生活经验确实告诉我们,并不是所有同高度、同初速度下降的物体,都同时着地。比如羽毛和石头。这是因为空气阻力使羽毛下降慢很多,却对石头的降落影响很小。本实验要求木球和铁球的大小尽量相同,就是为了使两个球降落时的空气阻力差减小。

实验52 **下落实验——意外的停表**

材料:长线(3 m 或更长),6个螺母,停表

把 6 个螺母固定在长线上,使第一个螺母在线的起始端,下一个与第一个相距 10 cm,第三个与第一个相距 40 cm,第四个与第一个相距 90 cm,……(也可以将所有的距离翻倍或变为三倍)。手持线上最后一个螺母,让线沿铅垂线方向伸直,使第一个螺母刚好轻轻触地。然后,松手把线放开。螺母相碰的时间间隔应该相等。时间等间隔是计时工具的典型特点。我们是不是意外收获一只由线串接螺母而形成的停表?

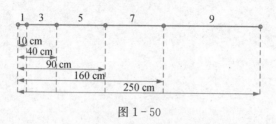

图 1-50

事实上 10, 40, 90, 160, 250, ……数列的通项为 $s_t = 10 \times t^2 (t = 1, 2, 3, \cdots)$ 与"匀加速度为 g 的直线运动的物体,所通过的距离 s 与时间 t 的平方成正比:$s = \frac{1}{2}gt^2$"的规律相对应(见实验 53,引力)。

实验 53 引力——自己测量重力加速度

重力加速度 g 可是物理中非常重要的参数。如果这也能自己测量,岂不是太令人兴奋了。而这恰恰是一个初中生就能做到的事。因为材料容易找,理论也只是初中数学就够了。

材料:一个秒表,一把米尺,一些表面积小的重物,硬质底座

重物表面积小可以减少空气阻力对测量的影响,比如金属球。硬质底座,以便听到重物落地的声音,帮助较准确地判断重物落地的时间。

让重物从 $s=1\,m$ 和 $2\,m$ 的高处分别下落,用秒表测量每次下落的时间 t。由此就可得到重物下落的重力加速度 g。为什么?怎么做?只需理解或者仅仅知道以下推导的过程或者结果即可。

$$s = v_{平均}t(距离 s = 平均速度 v_{平均} 乘以时间 t)。 \tag{1}$$

因为重物自由下落是初速度

$$v_0 = 0, \tag{2}$$

的匀加速运动,也就是说,从重物下落开始,每秒钟下落速度的增加量,即重力加速度 g 是不变的。到 t 秒时,重物下落的末速度 v_t 为重力加速度 g 乘以时间 t,即

$$v_t = gt \tag{3}$$

就像天气预报中，每天的平均温度就是当天的最高温加最低温除以 2 一样，对于匀加速运动的物体而言，它的平均速度就是末速度加初速度除以 2。于是有：

$$v_{平均} = \frac{1}{2}(v_t + v_0) \tag{4}$$

将(2)、(3)式代入(4)有：

$$v_{平均} = \frac{1}{2}gt \tag{5}$$

将(5)代入距离公式(1)有：

$$s = \frac{1}{2}gtt = \frac{1}{2}gt^2 \tag{6}$$

由(6)式得出：

$$g = \frac{2s}{t^2}。 \tag{7}$$

实验中，知道了距离 s 和时间 t，由(7)式当然就可以算出重力加速度 g 是多少。

 实验54　自由降落Ⅰ——模拟失重

材料：杠杆式天平，夹坚果用的钳子

在自由下落的电梯中，人会失重。这可以用一个杠杆式天平和一个夹坚果用的钳子来模拟。按照图 1-51 搭起实验装置，使杠杆天平处于平衡状态。将线烧断，对应点火人的天平右边会向上跷动。

线被烧断的一瞬间，坚果夹子的一端自由下落，失去重量，使所在的托盘中的重物变轻，所以对应的天平的一端向上翘。

图 1-51

 实验55　自由降落Ⅱ——不漏水的洞眼？

材料：塑料瓶或纸袋

在塑料瓶或纸袋上钻上一些洞，再在其中装满水。水会通过洞向外溢出。

现在,让瓶子下落,在瓶子自由下落之时,没有水再会溢出。如果让人拿着瓶子从三米跳板上跳下来,在下落期间观察瓶子,也许效果最好。

失重状态下的水居然忘了无孔不入,使洞眼看上去就像不漏水一样。物理世界真是神奇。

 实验56 **平衡——活沙漏打破死平衡**

材料:两个沙漏,天平(或者直尺和铅笔做成的天平,见实验44,杠杆原理)

把沙漏放在天平的两边,天平应该平衡。如果不平衡,则在轻的一边加上小砝码,使其达到平衡。

转动邻近的一个沙漏,让沙漏上面的沙漏到下面。则天平同一边向上运动,尽管什么也没有拿走。

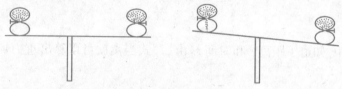

运作中的沙漏,比关闭着的同样的沙漏重量轻

图 1 - 52

这是因为,运作中的沙漏,有沙子通过中间小孔自由下落而失去重量,使沙漏的重量比关闭状态时轻。

 实验57 **能量转换——破坏平衡**

材料:线轴,线,天平

把线的两端分别固定在线轴的两边,使线形成一个长长的倒 V 字形缠在线轴上。把线的中点固定在天平上。把线轴悬挂在天平下面,用小砝码使天平平衡。现在,把线卷在线轴上,然后放开线轴,则势能会转换成动能和旋转能量。观察线轴运动时天平的情况。

如果认为这个实验装置不便安装,像在许多

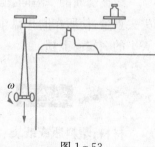

图 1 - 53

其他实验中一样可以简化，一样能达到实验目的。见下图，在桌子的一角上把一把直尺的中间垫起来，用小钥匙或其他小重物使它与下垂的线轴平衡。再把连在线轴上的倒 V 字形的线卷起来后，准备让它落下。先想一想，线下落时，平衡直尺的有线轴的一头的运动方向是上还是下，再让线轴真的下落，观察结果与你的分析是否相同。

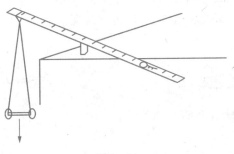

图 1-54

你会发现，平衡直尺的有线轴的一头，当线轴下落时会向上翘起。其原因与前面几个实验相同，线轴虽然不一定是自由下落，但它的下落肯定是向下加速的，因此会失去部分重量，使得平衡的直尺向上翘。直尺的平衡就这样被破坏了，即使直尺两端重物的分量一点没有减少。

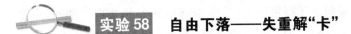

实验 58　**自由下落——失重解"卡"**

材料：橡皮筋，纸杯，回形针，重物

把回形针穿过纸杯的底部，并使其形成一个小环。用一根橡皮筋穿过小环，用小重物把橡皮筋的两端分别固定。让重物挂在纸杯的外面，使小重物刚好卡在杯子的边缘。整个体系应该是稳定的。

现在让杯子下落。在自由落体的情况下，重物是失重的。橡皮筋的张力就把重物拉进了杯子，实现了失重解"卡"。

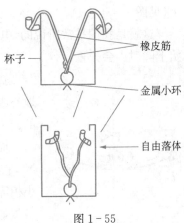

图 1-55

实验 59 **超重与失重——逆反的重物**

材料:薄纸板,装有沙子或其他小重物的小塑料口袋

重物应该重到这种程度:当把重物放到纸板上,抓住纸板的两边时,纸板应该被压弯。注意纸板的弯曲处。让纸板加速,一次向上,一次向下,观察纸板的弯曲程度。紧接着让纸板和重物下落,再继续观察。

(a) 重物放在纸板上,纸板的加速度为零。

(c) 纸板加速度的方向向下。

(b) 纸板加速度的方向向上。

(d) 纸板自由下落。

图 1-56 逆反的重物,实验中的表现

你会发现,重物有"逆反心理",总是逆着纸板加速度的方向,对纸板施压:纸板向上加速,重物把纸板向下压得更厉害(见图 1-56(b));纸板向下加速,重物对纸板的压力减小(图 1-56(c));纸板自由下落,重物对纸板则一点压力也没有了(见图 1-56(d))。

这就是我们平常所说的,电梯从不动到向上升起时里面的人会超重,电梯开始下降时人会失重。

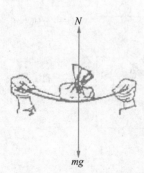
图 1-57 重物沙袋受力分析图

让我们用牛顿第二定律作具体分析研究。**重物**因地心吸引受到向下的重力 mg,又受到木板通过手给它的向上的支持力 N。

而**纸板**的弯曲程度取决于重物对纸板向下的压力 N',它是纸板对重物支持力 N 的反作用力,N' 与 N 大小相等,方向相反。只要求出 N,就可以知道 N' 的大小。

如图 1-58 所示,当纸板的加速度 a 向上时,重物加速度 a 的方向也是向上的,产生向上的加速度的原因显然是向上的作用力 N,因此,对于重物受力而言应该有：$N - mg = ma \rightarrow N = mg + ma$。而纸板承受的重物压力有：$N' = N >$ mg，重物对纸板的压力 N' 大于重力 mg，所以重物把纸板压得很弯。

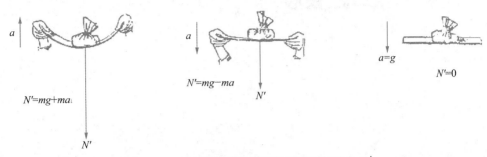

$N' = mg + ma$

$N' = mg - ma$

$a = g$

$N' = 0$

图 1-58　纸板加速度方向和承受重物的压力 N'

当纸板的加速度 a 向下时，重物加速度 a 的方向也是向下的，产生向下的加速度的原因显然是向下的作用力 mg，因此，对于重物而言应该有：$mg - N =$ $ma \rightarrow N = mg - ma$。而对纸板而言有：$N' = N < mg$，重物对纸板的压力 N' 小于重力 mg，所以有重物对纸板压弯的程度甚至小于二者处于静止状态时的状况。

当纸板和重物同时自由下落时，二者虽然加速度都是地心引力引起的重力加速度 g，但二者互不相干，相互间作用力为零。

由以上可见，重物所谓的"逆反心理"来自于，加速度是由图 1-58 中的支持力 N 提供，还是由重力 mg 提供。提供加速度的力必然大于另外一个力，但重物对纸板的压力只与支持力 N 相关。

实验60　制造加速度大于 g 的下落

材料：长直尺，硬币

把直尺的一端靠在一个桌子的边缘上。抓住直尺的另外一端，在尺子上放上硬币。松手，让直尺向下倾斜。在直尺上远离桌沿的硬币脱离了与直尺的接触，而靠近桌沿的硬币留在直尺上与尺子一起下落。

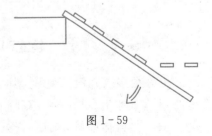

图 1-59

直尺的重心以重力加速度 g 下落，但是，因为靠近桌沿的部分下降得慢得多，直尺的自端的加速度就比 g 要大。而硬币则不同，处于直尺上远离桌沿端的硬币只以加速度 g 下落，因此它失去了与直尺的接触。

九、重心

实验61 **一个纸板片的重心——用线寻找**

材料:各种不同的纸板片,线

确定一个任意形状的纸板片的重心,就要在纸板片上两个或更多的位置点上,依次用线把纸板片吊起来,而且每次都要将沿吊线的竖直线标示出来。多个竖直线的交点就是纸板片的重心。

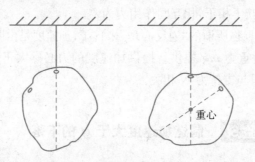

图1-60

实验62 **起立时的重心——坐姿起立的诀窍**

也许很多人并没感觉到,其实人从坐姿起立也有物理诀窍。如果人的上半身笔直地坐在椅子上,双脚不在下面的平面上移动,是不可能站得起来的。只有当人体前倾,双脚后移,使通过重心往下的铅垂线落在双脚外缘所围的平面(见图1-61(b))上时,才会达到站起来的目的。不信,你有意识地试试看。

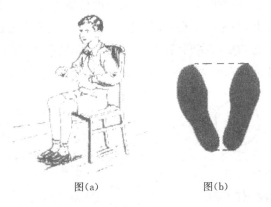

图(a)　　　　　　图(b)

图 1 - 61

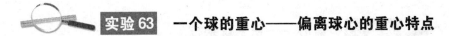

实验63　一个球的重心——偏离球心的重心特点

材料:球(比如乒乓球),橡皮泥

让一个球在光滑的表面上稍稍滚动,它会停留在一个随意的位置上。下一步,在球面上贴上一点橡皮泥再重复以上实验。则球会总是停留在橡皮泥与桌面相接触的位置上。因为物体停留在该位置时,其过重心往下的铅垂线肯定落在支撑点或支撑面之上。贴了橡皮泥的球的重心位置,在经过桌面上橡皮泥的位置的铅垂线上。

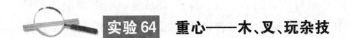

实验64　重心——木、叉、玩杂技

材料:两把叉子,软木塞,牙签,玻璃杯

把两把叉子,呈大于 90° 的夹角插进软木塞,在软木塞的一个底面的中心插进一根牙签。试着把这个整体放在玻璃杯的边缘上,并使其平衡。

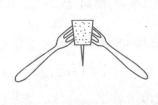

图 1 - 62

因为如图 1－62 中右图中系统的重心 C 的位置在空间某点，它只有像左图那样，靠在玻璃杯上，使重心落在玻璃杯壁上，系统才能稳定地被安置。

就像呼啦圈，它的重心在圈的圆心，空无支撑，只有让圆心 C 或从圆心 C 出发的铅垂线，落在支撑点或支撑面上，呼啦圈才能放稳。（如图 1－63）

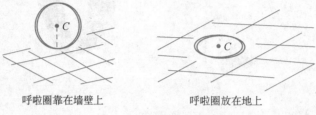

呼啦圈靠在墙壁上　　　　　　呼啦圈放在地上

图 1－63

 实验65　重心——积木玩杂技

材料：多个长、宽、高、重量一样的均匀木条

把木条彼此叠在一起。尝试把木条移动，使最上面的木条尽可能远离最下面的木条。有没有可能，最上面木条的投影与最下面的木条完全没有重叠？

要使叠在一起的木条不倒、又要最上面的木条，尽可能远离最下面的木条，人们可以用如下方法使移动最优化：如图 1－64(a) 所示，最极端的情况应该是，上面 N 根木条的总的重心精确地在（从上往下数的）第 $N＋1$ 条木棒最右边末端的上方。而且这个规则必须对所有的 $N＝1$，2，… 都成立。例如，最上面的第一根木条的重心"1"（即中心位置）精确地对着紧邻下面放着的（第二根）木条最右端的位置；最上面两根木条在一起的总的重心"2"，应该与从上往下数的第三根木条的最右侧竖直线在同一条直线上；……

以上最极端情况的规则，也可以换一种说法（见图 1－64(b)），即一般而言，第 $N＋1$ 根木条的最右端只允许精确地在位于它紧邻上面的第 N 根木条最右端往左的 $\frac{1}{2N}$ 处附近移动。例如，从上往下数第 2（$N＋1＝2$，$N＝1$）根木条的最右端精确地位于它紧邻的上面第 $N＝1$ 根木条最右端的 $\frac{1}{2N}＝\frac{1}{2×1}＝\frac{1}{2}$ 处附近移动；从上往下数第 3（$N＋1＝3$，$N＝2$）根木条的最右端精确地位于它紧邻的上面第 $N＝2$ 根木条的 $\frac{1}{2N}＝\frac{1}{2×2}＝\frac{1}{4}$ 处附近移动；……其余的类推。为什么？

让我们具体分析如下：

既然最上面 N 根木条的总的重心精确地在（从上往下数的）第 $N+1$ 条木棒最右边末端的上方。那么每根木条比它紧邻下面的木条向右伸出的量到底是多少呢？这只需把最上面 N 根木条总重心位置精确地找出来，问题就会一目了然了。

为了方便讨论，我们先确定以水平方向的线条为 x 轴、垂直纸面的纵向线条为 y 轴，铅垂方向的线条为 z 轴，如图 1-64(c)所示。鉴于所有木条的木质都是均匀分布的，木条的搭建方式告诉我们，无论是单根木条的重心还是多根木条的总重心位置，在 y 坐标和 z 坐标方向上始终是位于所涉及木条在这两个方向的几何中心，唯一需要讨论的是总重心在木条上沿 x 方向的位置。从直观和方便两方面考虑，我们用木条在 xz 平面上的投影图进行分析。我们规定，用阿拉伯数字 1，2，3，4，…表示最上面 1 根、2 根、3 根、4 根，……木条的总重心，用 $2'$，$3'$，$4'$，…表示从上往下数，第二根、第三根，……单根木条的重心。第一根单根木条的重心和一根木条的总重心是一回事，就都用"1"表示就足够了。

先看只有两根木条的情况。最上面的第一根木条的重心就在这根木条的几何中心"1"的位置。根据开始提到的极端规则，重心"1"对准下面的第二根木条的最右端，第一根木条比第二根木条最右端伸出的、沿 x 方向长度的量为单根木条总长（设为 1）的 1/2，这是显而易见的，如图 1-64(d)所示。

再看 3 根木条的情况。上面两根木条的总重心处于两根木条的几何中心"2"的位置，确切地说，这个"2"的 z 位置在从上往下数，第一根木条和第二根木条的重叠面上，即最上面两根木条沿 z 轴方向的中点。总重心"2"沿 x 方向的位置可以视为最上面第一根木条的重心"1"和第二根木条的重心位置"2"两个重心的总重心。因为上下两根木条重量相等，所以，它们的总重心"2"沿 x 方向的位置为点"1"和点"2"两点连线沿 x 方向投影后线段长度的中点，即把第二根木条右边的一半（1/2）长再分成等长的两段，因为 $\frac{1}{2} \times \frac{1}{2} = \frac{1}{4}$，总重心"2"离开第二根木条最右端的距离是单根木条总长的 1/4。把这样的点"2"对准下面第三根木条的最右端，则第二根木条比第三根木条最右端伸出的、沿 x 方向的长度也为木条总长度的 1/4，如图 1-64(e)所示。

现在我们来看 4 根木条的情况，先求出最上面三根木条总重心"3"沿 x 方向的确切位置。"3"可以视为最上面两根木条的总重心"2"和第三根单根木条重心"$3'$"的合重心。因为重心"2"代表最上面两根木条的总重心，它代表的重量是最上面三根木条总重量的 2/3，所以"3"沿 x 方向的位置应该在第三根木条右边一

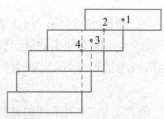

（a）最上面 $N(=1, 2, 3, 4)$ 根木条的总重心（分别位于点 $1, 2, 3, 4$）对准紧邻下面的第 $(N+1)$ 根木条的最右端。

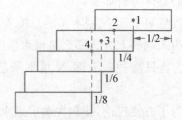

（b）第 $(N+1)$ 根木条的最右端只允许在它紧邻上面第 N 根木条最右端的 $1/(2N)$ 处附近移动。

（c）叠木条的 x, y, z 方位指示（无论是单根木条的重心还是多根木条的总重心，在 y, z 方向的位置都在所考虑对象的几何中心，只有重心在 x 方向的位置需要讨论）

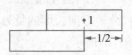

（d）第二（$N+1=2$）根木条最右端位于第一（$N=1$）根木条最右端往左量木条总长的 $1/(2N)=1/2$ 处。

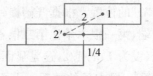

（e）最上面两根木条的总重心"2"在 x 方向的位置应该在第一根木条重心"1"和第二根木条重心"2'"连线在 x 方向投影线段的中点。

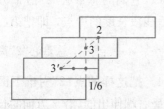

（f）最上面三根木条的总重心"3"在 x 方向上的位置应该位于最上面两根木条的总重心"2"与第三根木条重心"3'"的连线在 x 方向投影线段的 $1/3$ 处。

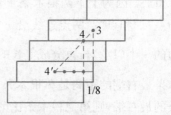

（g）最上面四根木条的总重心"4"在 x 方向上的位置应该位于最上面三根木条的总重心"3"与第四根木条重心"4'"连线在 x 方向投影线段的 $1/4$ 处。

图 1- 64

半的靠右 1/3 处，如图 1-64(f) 所示。这样的上面三根木条的总重心"3"对准紧邻的下面第四根木条的最右端，其伸出的长度自然是单根木条总长的 $\frac{1}{2} \times \frac{1}{3} = \frac{1}{6}$ 处，即单根木条总长的六分之一处，如图 1-64(f) 所示。

同理，对于 5 根木条而言，最上面 4 根木条的总重心"4"沿 x 方向的位置为第四根单根木条的重心"4$'$"和紧邻它上面的三根木条总重心"3"的合重心，因为上面三根木条的总重量是四根木条中重量的 3/4。根据 $\left(\frac{1}{2} \times \frac{1}{4} = \frac{1}{8}\right)$，这个"4"沿 x 方向的投影应该是将第四根木条右端 1/2 长度分成四份后的、靠近最右端的 1/4 处。于是最上面四根木条的总重心"4"对准下面第五根木条的最右端，比这个最右端伸出的长度自然是单根木条总长的 1/8，如图 1-64(g) 所示。

逐个木条移动的综合给出最上面木条相对于最下面木条的位置。原则上，只要人们有足够多的木条在手，每一个移动看上去都是可操作的，因为以上和谐序列：$\frac{1}{2N}$ $(N = 1, 2, 3, \cdots)$ 是收敛的、N 可以无限制地往上增加。但实际上，最大的移动发生在木条数目 $N = 4$ 时。这时，总木条为 5 根，最上面的木条的投影就刚好不再和最下面的木条有重叠了。

这可以用作图法来理解（见图 1-64(b)）。图中 1, 2, $\cdots$, $N(N=4)$ 表示从上往下数，各分数表示第 $(N+1)$ 根木条所对应的 $\frac{1}{2N}$，前面已举例说清楚了。

最上面 4 根木条的 1/(2N) 的和为：$\frac{1}{2 \times 1} + \frac{1}{2 \times 2} + \frac{1}{2 \times 3} + \frac{1}{2 \times 4} = 1/2 + 1/4 + 1/6 + 1/8 = 1$，其中 1 表示单根木条的总长。这个算式说明，最上面第一根木条的左边端头已和最下面（第五根）木条的最右端重合。即最上面木条的投影与最下面的木条刚好完全没有重叠。

以上分析说明，要做到最上面木条尽可能远离最下面木条的堆积，又要木条堆屹立不倒，最多可以堆积 5 根木条。再继续堆积下去，会导致最上面的第一根木条与最下面一根（比如，第六根）木条的支撑面隔开一段距离，这在具体实验中已不可能实现。硬要继续堆放，换来的只能是整个木条堆的坍塌。

以上理论分析成立的基本条件是，所有的木条完全相同，而且质地均匀，这在实际中很难精确兑现。在实际实验中，情况会与这里的分析有些差异，应该是可以理解的。实际材料与这里所述的基本条件差异越小，实验结果与这里分析的差异就越小。

十、动量与角动量

 实验66 动量守恒Ⅰ——直来直去的中心碰撞

材料：网球,乒乓球

让两个网球以相同的速度在光滑的桌面上相向滚动！然后,让一个球静止,另一个球朝着它滚动！最后,用一个网球、一个乒乓球做以上相同的实验！记录下你所做的观察！

对于实验中的二球系统,因为桌面给球的摩擦力可以忽略,合外力为零,因而动量是守恒的。

两个网球以相同的速度,相向而碰前,它们的动量之和为零,碰后的合动量也应该为零。因此二网球应该反向而动,且速度大小依然相等。

用第一个网球去对第二个静止的网球实行中心碰撞,结果有点像接力赛。第一个网球把自己的速度交给第二个静止的网球,使得第二个网球沿着第一个网球的运动方向前进;而第一个网球把自己的动量几乎都传递给了第二个网球,自己的动量无所剩下,也就静止下来了。

对于网球和乒乓球的二球系统,根据定义,动量是质量 m 乘以速度 v,因为二球的质量不同,所以二球以相同速度相向而碰之前,网球的动量比乒乓球的反向动量大很多。二球动量的和沿着网球运动的方向。二球碰撞之后,两球都沿着原来网球运动的方向运动。相碰对网球运动的影响不大,只是使网球运动的速度有所减慢,而乒乓球被网球一碰,可就大事不好,乒乓球被撞得立马回头快速跑开。

如果用乒乓球去撞静止的网球,简直就像蚍蜉撼大树,网球基本不动,乒乓球则像在撞南墙,撞后连忙离开网球开溜。当用网球去撞静止的乒乓球,乒乓球连忙乖乖地顺着网球推动的方向快速前进,网球也沿原来运动方向滚动。

此实验,因为网球和乒乓球的表面并非完全均匀,因此要小心做到直来直去的中心碰撞,(即碰撞前后,二球的运动方向在一条直线上)效果会更明显。

 实验67 **动量守恒Ⅱ——中心碰撞和偏心碰撞**

取两个球,大小大约相同,但是重量不一样(比如,一个网球,一个差不多大小的白色泡沫塑料球)。请你尝试制造中心碰撞,也就是说,让碰撞球把静止的被碰撞球朝与自己相同的方向推动!你一会儿取这个球为碰撞球,一会儿取另一个球为碰撞球!

中心碰撞时,用轻球去碰静止的重球,正如上个实验(实验66)所说,就像蚍蜉撼大树,重球基本不动,轻球回头就开溜。用重球去撞轻球,重球受的影响很小,仍沿原方向继续前进,轻球则乖乖地按照重球的方向,好像生怕再被重球撞一样,跑得比重球还要快。

以相同的方式,还可以尝试偏心碰撞,即碰撞之后,两个球沿着一个夹角的方向滚动!这时两球作为一个整体的系统,动量也是守恒的。

用两个乒乓球做以上相同的实验。仔细地观察,记录下你的观察结果。

当第一个乒乓球对第二个同样的静止的乒乓球做中心碰撞时,第一个球把动量传给了第二个球,使它沿着第一个球的运动方向向前运动,而第一个给予动量的乒乓球则几乎停止运动。

当第一个乒乓球对第二个同样的静止的乒乓球做多次偏心碰撞后,两球运动方向的夹角始终保持不变,大约直角的大小。

 实验68 **动量守恒Ⅲ——各行其道的偏心碰撞**

用手指头沾上清水,在光滑的桌面上滴上一滴水(唾液也行),在水上面放一枚硬币!你用同样的第二枚硬币在桌上滑动,让它从旁边(不是中心)击中第一枚硬币!借助于水的痕迹,很容易辨认出两个硬币分开的角度是多少。多次重复这个实验,这个角度会发生变化吗?

虽然是偏心碰撞,因为桌面是光滑的,桌面给两个硬币系统力很小,因此它们的动量在碰撞前后是守恒的。又因为两个硬币都是圆的,即使它们在桌面上的方位不同,不管碰撞怎么偏心,肯定都是两圆相切的碰撞,因此碰撞后两个硬币分开的角度是不变的。

实验 69 **动量守恒Ⅳ——反"碰撞之道"而行**

材料:衣夹,铅笔,线

用线把衣夹两边捆在一起,使其保持长开的状态。按照图 1-65 在衣夹的右边和左边平放两支铅笔。现在,你细心地将线烧断,观察铅笔的行为。重复以上实验,但用两支重量不同的铅笔。

许多动量守恒的实验,都是拿各种各样的两物相碰撞作为例子。此实验却反其道而行之,将两个本来静止在一起的铅笔,通过破坏它们在一起的条件来使它们分

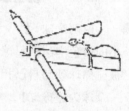

图 1-65

开。因为线烧断以后,夹子向两边反弹的力可以认为是相等的。也就是说,两支铅笔系统所受的合外力为零,因此它们的动量在线烧断的前后是守恒的。

于是有,线烧断以后两支相同的铅笔沿相反的方向等速运动,这样才能保证合动量为零。如果两支铅笔重量不同,为了仍然保证合动量为零,则需要每支铅笔的质量乘以速度之积大小相等且方向相反。

  实验 70 **动量的传递Ⅰ——忠实的硬币传令兵**

把多个同种类的硬币放在光滑的桌面上,一个接一个排成一排。现在,用另外一个硬币,沿硬币排延长线的方向,去撞击最后一个硬币。硬币排中有多少硬币被推开?

动作:用另外一个硬币沿硬币排列的延长线,撞击最左边的硬币。

结果:最右边的一个硬币被撞击,离开原位向右运动。

图 1-66

结果发现,这些硬币就像忠实的传令兵一样。最左边与硬币队列分开的硬币是传令兵硬币,它从左边向右去撞击硬币队列,硬币们一个个把传令兵的指示传下去,直到最后一个硬币士兵执行传令兵的动作命令,向右边运动,与传令兵的动作相同。

用物理语言解释,在中心碰撞(即碰撞前后,碰撞者和被碰撞者的运动方向均在一条直线上的碰撞过程)中,整个队列,包括最初在队列之外的传令兵硬币在内的硬币系统动量守恒。最左边传令兵硬币的运动变成了最右边硬币沿同方

向、与传令兵速度大小相等的运动。

实验71 **动量的传递Ⅱ——小小橡皮泥,解决大问题**

材料:大点的皮球,比大球轻一些的小金属球,橡皮泥,黏胶带,1.5 m长的绳子,书

利用黏胶带把两根75 cm长的绳子分别固定在大球和金属球上。再在每根绳子的另一头做一个小环(以便手或其他支架来悬挂绳子)。用橡皮泥把金属球包裹起来,使它和大球的重量精确地相同。这可以借助于天平来检测。

把书直立地放在桌子上。拿住大球,使大球与书的一边相接触。把大球拿着倾斜90°,再放手。改变大球击中书的高度,使大球击中书时书刚好能被击倒。注意书上被大球击中的位置高度。现在,让金属球精确地像大球一样对着书本摆动。这时,因为动量的传递比较小,书没有被击倒。在大球情况下,动量的传递是$2mv$(大球的动量从$+mv$到被书本反弹后的$-mv$)。由于橡皮泥的原因,在金属球的情况下,外敷有橡皮泥的金属球的动量传递大约为mv(即金属球以动量$+mv$碰到书本后,由于软软的橡皮泥的缓冲作用,使球的速度变成大约为0)。球动量的改变部分全都传递给了书本,变成了球对书本的冲击力。在相同时间内,接收到的动量值越大,冲击力也越大。因此,在第一种情况下书被击倒,而另外一种情况下书保持站立。

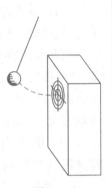

图 1 - 67

实验72 **反冲——流水前行,容器后摆**

材料:罐头盒,锤子和钉子,带子,水

用锤子和钉子在空罐头盒靠近下边缘处凿四个小洞。用带子把罐头盒吊在水槽的上方。然后在罐头盒内装满水。水会从小洞流出来,罐头盒则会向水流相反的方向摆动。

在电视上,看到枪击比赛时,枪手伸直手臂打出子弹后,手总是要向后运动一下。实际上是因为枪手的手感到来自枪的后推力,顺势而动引起的。

其实,这里用的也是动量守恒的原理,在沿着水和罐头盒运动的方向上,罐头盒以及装在其内的水所受的合力大约为零,因

图 1 - 68

此它们在此方向上动量守恒。水向前流,罐头盒就往后摆。

对枪手手中的枪和里面的子弹而言,它们在水平方向受到的力是零,这使枪和子弹系统在水平方向的动量守恒。子弹飞出枪口以前的瞄准阶段,枪和子弹都是静止的,该系统的总动量为零。子弹飞出枪口,由于速度很大,带走了动量,要保证系统的动量仍然为零的守恒状态,枪托必然要向后运动,因为枪的质量比子弹大很多,它向后运动的速度也比子弹小很多,但这种后座运动给手的后推力却是很明显的。

  实验73 **反推力——蒸汽转动铁方盒**

材料:铁皮方形容器(容积约 1~2 L),结实的绳子,蜡烛,锤子和钉子

在方形容器上相对的两个面上距容器的边约 1 cm 远处分别戳两个洞。两个洞必须沿对角线方向相对而置。把绳子固定在容器的上面,尽可能靠近中心的位置。容器中装一点水(约 40 mL)。把容器固定在一个钩子上,使它自由悬挂且很容易转动。现在,在容器下方放一支蜡烛,用蜡烛给容器中的水加热。当水烧开后,就会有水蒸气出现,并从两个洞眼往外跑。由于两个洞眼的位置,使两股蒸汽施加给容器的力形成力矩,使方形容器转动起来。

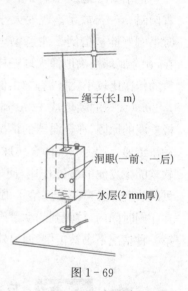

绳子(长1 m)

洞眼(一前、一后)

水层(2 mm厚)

图 1 - 69

 实验74 **吸管中空气的反推力——动作反向,效果却同向**

材料:一根带有弯管的吸管

把弯吸管中短的一头管口向下,把长管的管口一头放在嘴唇里牙齿外,用力对吸管吹气。由于反冲作用,吸管会向弯管的短的一头管口出气的相反方向(即向上)运动。如果你转动吸管,让弯管短的一头的管口摆放在向左或向右的不同的方向上,对吸管用力吹气,则这个效果会更清晰。

现在观察一下,当人把弯吸管长的一头放在嘴里,弯吸管短的一头管口向下,对吸管用力地吸气,会发生什么现象。先预测

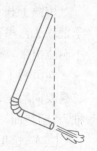

图 1 - 70

一下,弯管的运动方向,再做实验。也许有人会觉得,吸气与呼气相比,既然动作方向相反,那么吸管的运动方向也会相反。

实际上,虽然效果远不如吹气时明显,但运动方向相同。当然原理却大不相同。当对着吸管长的一端管口吸气时,由于短管管口空气变得稀薄一些,管口外面的空气压力大于短管内部,于是外部空气向管口内冲击,使管口向上运动。这与吸管吸饮料的原理相同。如果把弯吸管短的一头的管口放在冷开水中或饮料中,就把液体吸进了嘴里。

千万不要小看这个实验,类似的问题,甚至让伟大的物理学家费曼也苦苦思索过。

实验75　角动量守恒Ⅰ——转椅速度自动控制

坐在一个办公室的转椅上,左右手各持一本厚书,两本书均压在胸前,让第二个人帮你使转椅处于有力的旋转状态之中! 你突然一下把手执厚书的双臂向两旁伸展,随着转椅转动一会儿,然后又迅速将手臂收回胸前。

你会发现,双臂张开,转椅转动的角速度变慢,手臂收回,转椅转动的速度变快。这是因为人和转椅合成一个系统,所受到的外力矩为零,系统的角动量 J 守恒。而角动量 J 等于转动惯量 I 乘以角速度 ω;即 $J = I\omega$。转动惯量 I 取决于质量绕转轴的分配,张开双臂,使系统的部分质量分配远离转轴,从而加大系统的转动惯量,减小对应的角速度。双手各执一本厚书,增大远离转轴的质量,使转动惯量的增大更明显,从而角速度的减小也更明显。收回双臂,明显减小了系统的转动惯量,从而加大了相应的角速度。如此形成了一个简易的转速自动控制结构。

花样滑冰运动员,在冰上的旋转舞姿,芭蕾舞演员在舞台上的旋转,原理与这个实验相同。收起双臂,转动惯量小,旋转起来比张开双臂快。变换得当,可以使舞姿更加美轮美奂。

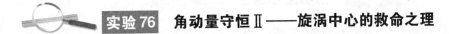

实验76　角动量守恒Ⅱ——旋涡中心的救命之理

材料:大漏斗(尽可能是透明的),不同的小球(比如玩具手枪的塑料子弹球和同样大小的钢珠球),瓶子

把漏斗插进瓶口。小球应该能够穿过漏斗。取一个质量为 m 的小球拿在手中,让小球以平行于漏斗圆形边缘的动量在漏斗上滚动,小球的旋转呈螺旋

线。球越向下，它运动的半径 r 越小，角速度 ω 越大，以使角动量 $J = mrv = mr^2\omega = $ 常量，即保持守恒。对不同质量 m 的小球进行相互比较，哪个球掉进旋涡中心漏斗小口更快？

角动量也可以写成 $J = I\omega$，其中 I 是转动惯量，$I = mr^2$，本实验的角动量 J 指的是小球绕漏斗直管中心为轴的旋转角动量。小球在漏斗大口边缘时，因为离转轴的垂直距离最远，它的转动惯量 $I = mr^2$ 最大，因而角速度 ω 最小，随着小球在漏斗中的转动，离转轴的垂直距离越来越小，表明小球 m 相对于转轴的转动惯量 I 越来越小，为了保证角动量 J 守恒，小球的转动角速度 ω 必然越来越大。

球的质量对其自身滚动的影响会如何呢？

因漏斗相同，质量大的球在漏斗中转动的转动惯量大，它的运动状态较小质量的球更难以改变，因此质量大的球，角速度 ω 增加会比较慢，滚下漏斗的时间也会更长。

一片树叶滚进河流的旋涡中，消失的速度会很快，而一块大石头，在旋涡中消失的速度会比树叶慢一些，和这里的实验同理。

在天然区域游泳的人如果不幸遇到旋涡，用蛙泳或自由泳比踩水更容易脱离旋涡，为什么？因为踩水时人取的是立姿，整个人的身体与旋涡中心的距离 r 大约相同，人相对于旋涡中心的转动惯量 $I = mr^2$ 比较小，而蛙泳或者自由泳时，人取的是卧姿，质量分布按横截面逐步远离旋涡中心，转动惯量 I 更大，对于守恒的角动量 $J = I\omega$ 而言，I 大，角速度 ω 就小，就相对不容易被旋涡拉进中心而致命。懂点物理可以救命，岂不幸哉！

过去，在农村里有一种分离粮食的粒与皮的土方法，是把带皮的粮食粒通通倒进一个圆笸箩里，农民用手不断地旋转笸箩，让粮食在里面旋转，旋转到一定的时候，质量较轻的皮屑就基本集中在笸箩的中心，而质量较大的去了皮的粮食颗粒则围在皮的周围，自动实现了粒与皮的分离，也是这个道理。

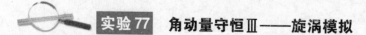

实验 77　角动量守恒Ⅲ——旋涡模拟

材料：两个带有小金属环的木质球（也可以用商店卖的玩具掷球计环游戏中的球，去掉套在球外用于附着在纺织品环状靶的摩擦扣带），绳子，小塑料管（比如饮料吸管的一部分）

把两个木球分别系在一根约一米长的绳子两端，或者用绳子的一端穿过玩具的两个半球上的洞眼，使两半球合在一起时两个洞眼在一条直径的两端，并让绳子在球外打一个结,以免绳子脱离小球。用同样的方法,让绳子的另外一端穿过另外一个小球。再让绳长的中点穿过小管子,用一根手指穿过绳子中间的环。在这里要注意,两个球的高度相同。

使一个球偏转,让它绕着另外一个球旋转,绳子会因此绞转。绳子绞转得越多,旋转的球就转得越快,因为旋转轨道的半径总是在缩短。(见实验76,角动量守恒Ⅱ)最后,转动的球静止了。因为绳子全都绞在一起了,球则向另外一个方向转动。这时,球转动的轨道半径越来越大,球的速度则越来越小。

图1-71

因为旋转球的角动量 $J = I\omega = mr^2\omega$ 守恒,实验中球的质量 m 是不变的,旋转半径 r 越小,旋转角速度 ω 越大,即球转得快;旋转半径 r 越大,旋转角速度 ω 越小,即球转得越慢。

这里的小球旋转,看似与旋涡毫无关系,但小球的旋转状态又与靠近或远离旋涡类似,所以它是一种旋涡模拟实验(见实验76)。

十一、能量

实验78　　能量和弹性——弹性球与小钢球下落表现的差别

让一个网球从1 m高处向一个硬底座（比如抛光的大理石地板）下落，测量它弹起的高度。将其与一个小钢球所做的同样实验进行比较。

大家可能会想到，小钢球反弹的高度要比网球小多了。但有人很快会想到，既然两个球从同样的高度下落，反弹的高度却相差很远，小钢球的能量跑到那里去了呢？这个问题问得好，说明问问题的人，头脑里有能量守恒的概念。事实上，小钢球虽然反弹不高，但它掉下去时使底座发生的形变肯定比网球大很多。也就是说，网球把自己处于1 m高处的势能，转变成自己反弹的高度时，小钢球却把这个势能变成了使自己和底座的形变能。二者运动过程中的能量都是守恒的，只不过一个看起来明显，一个看起来不明显罢了。

实验79　　热能——把沙子擦热

取一个带盖的玻璃杯，装上半杯干沙子。测量沙子的温度。用盖子把杯子盖紧，用力摇动杯子几分钟，之后再次测量温度，你会发现沙子的温度升高了。沙子把自己在瓶子中动来动去的动能和相互间擦来擦去的摩擦能转变成了沙子的热能。

实验中，应该戴上绝缘手套！否则，大量热能通过你的手就跑到空气里去了，实验效果就会大打折扣，也就是说你实验的成功率会大大下降。

实验80　　张力能——手掌弹弓的性能测试

在分开的拇指与食指之间，张紧一根橡皮筋作为"弹弓橡皮筋"。在橡皮筋上挂上一个掰开弯好的回形针,在确保不会伤到人的情况下将其射出。测试一下,在皮筋的偏转、拉力和射程之间有什么粗略的、定性的内在联系?

橡皮筋拉得越长,子弹回形针的射程越远。橡皮筋偏转的方向与子弹飞出去的方向相一致。如果你玩过这个游戏,想必对这些结果一定不陌生。

 实验81 **能量转换——车灯偷了你的能量**

在无风之时,将一辆带有发电机照明设施的自行车骑上一条路面光滑的马路,尝试如下实验:从静止状态出发踩 10 下脚蹬,再让自行车自己减速停住。在路面上,标记下起点和终点的位置。

然后,将发电机开启,再次进行同样的实验。很明显,路面上始终点之间的距离会比发电机未开启时明显缩短。因为照亮车灯需要消耗你骑车的能量。

 **实验82** **能量守恒Ⅰ——刺激的过山车必须遵守的物理原理**

材料:可弯曲的曲线规,小金属球,木板或者纸板,书

把曲线规弯成一个环形,固定在木板上。用一本书垫在木板的一端,使木板斜置。让小球沿环形滚动。要求球能滚到环形的末端,人们能够通过改变木板的倾斜角度来实现吗?

计算显示,只有木板倾斜的高度,即人们放手让球下滚的位置高度是重要的。这个高度,从比例上说,应该至少是环形半径的 2.6 倍那么大(高度是从环形下边缘为起点测量的)。而倾斜角度也仅仅是由此而决定的。因为金属球只有在有足够高度所具备的势能转变成金属球运动的动能时,才能使金属球通过圆环的最高点时有足够大的速度,让它不会脱离圆环掉下来。

图 1-72

大型游乐园里的过山车是很多年轻人喜爱的刺激游戏。人们坐在车里沿着事先铺设好的轨道快速运动,即使头朝下,车子也不会脱离轨道。其原理与上面相同,必须设计好车子的起始高度 h 和圆环最高点 B 的高度之间的关系(见图 1-73 左下侧的示意图),否则会导致大的人身伤害事故。

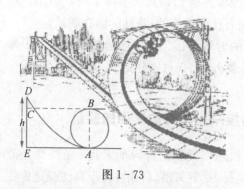

图 1-73

图 1-74

人们还可以以此探究势能洼地：

把曲线规弯成 3 字形，并把它固定在斜放的木板上。同样让小球沿线规往下滚。只有让小球开始下滚的高度高于两个洼地之间的"山峰"，球才能翻过山峰。如果高度较小，小球就会滞留在第一个势能洼地。

实验 83　能量守恒 II——费马原理演示

用一个与上一个实验类似的装置，会让非常有名的费马(Fermat)原理(最快到达原理)变得清晰：

材料：两个曲线规，倾斜的木板，两个球

如右图所示，这个实验的目的是多个球每次都从 A 点向斜下方的 B 点跑去。在木板上标记下点 A、A' 和点 B、B'，让直线段 $A'B'$ 的长度和 AB 一样，而且二者相对于水平方向的倾角也一样。用曲线规弯一个弯曲的轨道，作为点 A' 和 B' 之间的连接。另外一条直的轨道作为点 A 和 B 的连接。

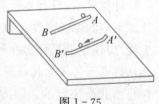

图 1-75

现在让两个球分别从 A 和 A' 出发，沿着这两条轨道向下跑，观察哪个球首先到达终点 B 或 B' 点。改变轨道的弯曲度，尝试寻找哪种轨道使球到达 B' 点的速度最快。

基于能量守恒，金属球经 AB 和经 $A'B'$ 到达线段终点(B 或 B')的末速度是一样大的。因为对于轨道 AB，球的末速度取决于 A 点相对于 B 点的势能或者垂直高度。同样，对于轨道 $A'B'$，球的末速度取决于点 A' 相对于 B' 点的势能或垂直高度。并且 AB 和 $A'B'$ 的直线距离一样长，两条线段相对于水平方向的倾角也是一样的。

　　相对于直轨道 AB 而言,弯曲的轨道 $A'B'$ 上的球想要和直轨道 AB 上的球同时到达终点,要求球用较高的速度走过一段较长的路程;而平均球速只取决于 AB 和 $A'B'$ 两条直轨道相对于水平方向的倾角,弯曲轨道对更高球速的要求无法实现。因此,只能是直轨道上的球先到达。

十二、旋转运动

 实验84 **转动惯量Ⅰ——扫把的两种转动大不同**

手持一把扫帚。用向前伸开的手臂抓住把手上尽可能低的地方,使扫帚手柄朝上,鬃毛向下(见图1-76左侧)。现在你以快节奏通过手腕的转动让扫把手柄末端做以手执扫把处为圆心,伸出的手臂为转轴的半圆形运动。然后,把扫帚倒过来握,使扫帚把向下方,鬃毛向上,手握住柄的末端。试验用与前次相同的节奏让扫把鬃毛端做以手执扫把处为

质量和旋转质量
图1-76

圆心伸出手的臂为转轴同样的半圆形运动。为什么你觉得比先前困难多了?扫帚的质量并没有变化呀!

按照牛顿第二定律,当加速度一定时,对物体所施的力与质量成正比。即物体质量越大,需要的力也越大。如果物体进行有确定转速的旋转运动,则对物体所施之力与转动惯量(也称"旋转质量")成正比,而转动惯量与质量的分布密切相关。质量分布越是远离转动轴,转动惯量越大(如本例的右图情况),所施之力矩也要求越大,当力臂一定时(如本例两次实验的力臂均为扫把的长度),则要求所施之力越大。

 实验85 **转动惯量Ⅱ——长腿走路摆得慢**

与短摆相比,一个长摆,因为摆锤远离悬挂点(即转轴),其转动惯量比较大。因此长摆摆动得慢些。当人走路时,腿的摆动与摆类似。观察一下,大约同龄的、同健康状况的小个子和大个子在正常情况下的步行,数数一分钟每个人走了

多少步,以验证此处的说法是否正确。

这种因腿长不同而引起的走路摆动频率不同的现象,已经应用到简易计步器中。对于一般人而言,走路摆动的频率达到或超过一定的统计平均数就可以算作对健康最为有益的"有效"行走方式,慢于这个频率 f,健身效果会打折扣。

而这个走路时双腿摆动的频率是与人体的身高相联系的,因为身高越高,通常腿 l 也越长,走路时摆动也越慢。说明书中给出的数据很能说明问题:比如,身高 120 厘米的人,走路摆动频率 f 是 149 步/分钟;身高 220 厘米,摆动频率 f 是 108 步/分钟;身高在 120 厘米到 220 厘米之间的人,走路的摆动频率 f 在 149 步/分钟和 108 步/分钟之间。

这些参考数据是怎么算出来的呢?用的就是物理中摆动周期 T 与摆长 l 的平方根成正比(见第三部分,振动和波实验Ⅱ,记录振动)而摆动频率 f 是周期 T 的倒数 $f = 1/T$(见第三部分的实验Ⅴ,李萨如图)的结论。

也许有人会觉得不可思议,明明大个子走路快,怎么反而摆动慢呢。其实大个子走路快的原因出自步幅大,而非摆动快。

 **实验86 自制陀螺——办法多多**

人们可以用简单的方式自己制作小陀螺:

如果有一颗中心有一个洞的纽扣,你可以将一个牙签或者一根削尖的火柴插入洞中,就成了一个简易陀螺。

你可以从一个软木塞上切下一个圆片,将一根火柴或牙签插入圆片中心制成简易陀螺。这里也可以利用啤酒瓶盖或者硬纸片作为圆片。

人们也可以把一个核桃改造成一个陀螺,只需用一根牙签从核桃磨秃了的一头钻进去,直到从距离插入点最远端的另一头露出一小段为止。

还可以用一根热的毛衣针把果酱玻璃瓶盖中心钻一个孔,让一根火柴穿过此孔。火柴可以用蜡来固定。如此就成了一个比较稳定的陀螺。

当人们不用火柴而用一个小段的铅笔作轴,就形成了书写陀螺。让书写陀螺在一个轻微倾斜的纸平面上跑下来,陀螺就会在纸上留下它的痕迹。

 实验87 螺旋线——简易螺旋线生成法

材料:纸,铅笔

把一张纸裁成直角三角形。将此三角形的直角短边与铅笔纵向平行放置后,开始用纸卷铅笔,则纸在包围铅笔的同时,其斜边在长圆柱形铅笔外套的表面留下的痕迹就形成了一个螺旋线。

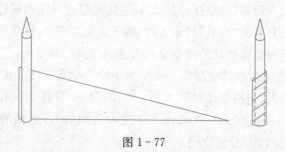

图 1 - 77

当然,你也可以让铅笔纵向与直角三角形的长直角边平行摆放后,开始用纸卷铅笔,这样所得螺旋线的螺距(即相邻螺旋线之间的距离)要比前者大。

因为以短直角边为底的直角三角形的斜边的陡度,比以长直角边为底的直角三角形的斜边的陡度要大。

绕着从地面直达房顶的圆柱形柱子旋转而成的楼梯也是这种螺旋线。形成生物 DNA 的两条螺旋线,也是这种螺旋线。差别只在于这些螺旋线的螺距不同。

实验88 旋转的含义——螺母的旋转方向

把一个机器螺杆的头铰下,你就得到一个螺纹杆。用一个合适的螺母,先旋进螺杆的一头,然后旋进另一头,并注意看螺杆的末端。在第二次旋进前先想想,螺母的旋转方向会改变吗?

因为螺母在螺杆上的前进方向和螺母的旋转方向是唯一匹配的。因此,你不用铰掉螺杆头,而是把螺母旋进螺杆后再旋出来。这个把螺母旋出螺杆的动作与螺母从螺杆头方向旋进螺杆的效果一样。

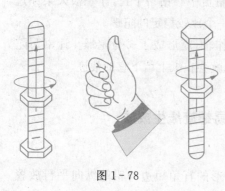

图 1 - 78

既然螺母旋进和旋出螺杆的旋转方向是不同的,说明相对于螺杆的固定的一头,螺母的旋转方向是不同的。但若两次旋转,相对于螺杆的两头而言,则螺母的旋转方向又是相同的。即(见左图)螺母旋转的方向(图中圆周上箭头所指的方向,即右手四个手指头所指的方向)与螺母在螺杆上前进的方向(螺杆上直线的箭头方向,即右手大拇指的方向)始终是遵守右手定则的。

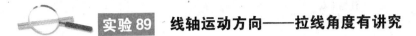

实验89 线轴运动方向——拉线角度有讲究

材料:线轴(要真的能转动的),绕在线轴上的一些线(比如缝纫机梭子芯里的小线轴或常用的空线轴),在其中间部位绕上部分线

放开线轴上的一小段线,以便能拿住线并且能拉动它。线轴放在有一定摩擦力的桌面上,让其作纯滚动,横截面方向对着你,线的方向向左。你期待着线轴向哪个方向运动? 为什么如此期待? 拉线的倾斜度会影响线轴的运动方向吗?

实验发现,如果拉线与水平方向的夹角大(如图1-79和图1-80),无论拉线方向向左(图1-79)还是向右(图1-80),拉线的力给线轴以其过中心平行于桌面的轴为转动轴的转动力矩方向相同,线轴整体前进运动的方向也相同,均是朝着线从线轴上放出来的方向前行。因拉线方向沿向上的分力较大,这个分力使线轴对桌面的压力减小,这使线轴与桌面的摩擦力大大减小,而拉线的力是使线轴转动的主要力矩。正是这个力矩方向,使线轴向左即向着线不断放长的方向运动。

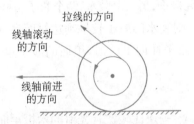

图1-79 拉线与水平方向夹角大,
线轴沿放线方向运动

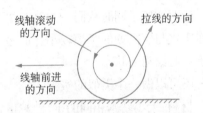

图1-80 拉线与水平方向夹角大,
线轴沿放线方向运动

如果拉线的方向与水平方向夹角很小,如图1-81,拉线沿着水平方向拉动,这时拉线的力只有水平分力,竖直方向的分力为零。这使线轴对桌面的压力,等于线轴的重量,远远大于图1-79和图1-80的情况,这使线轴与桌面的摩擦力也大大增加(摩擦力 $f=$ 正压力 $N\times$ 摩擦系数 μ)。拉线力启动了与它大小相等、方向相反的摩擦力 f,因为摩擦力到线轴中心的力臂大于拉线力,摩擦力的力矩也大于拉线力矩。正是这个摩擦力矩,决定了线轴转动的方向。当拉线力在线轴的下方(见图1-81)时,线轴运动方向与前相反,将向着卷线上轴的

方向运动。

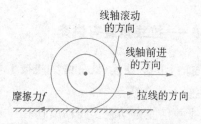

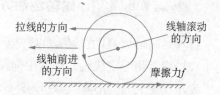

图 1-81　当拉线力在线轴的下方,与桌面平行时,主导线轴运动的摩擦力 f 的力矩,使线轴朝着收线的方向运动

图 1-82　当拉线力在线轴的上方,与桌面平行时,主导线轴运动的摩擦力 f 的力矩,使线轴仍然朝着放线的方向运动

　　当拉线力在线轴的上方(见图 1-82)时,拉线力和摩擦力 f,构成一对力偶,力偶力矩的方向使线轴转动的方向与图 1-79 和图 1-80 时相同,因而线轴运动的方向也与前相同,仍然向着放线下线轴的方向运动。

  实验 90　转动能——转动物体内部物质分布对转动能的影响

　　材料:两个瓶子(一个装沙子和锯屑的混合物,另一个装水,两个瓶子一样重)

　　让两个瓶子同时从同一个斜面往下滚,则装水的瓶子较早到达斜面底部,原因在于水与瓶内壁的摩擦较小。而另一个瓶子在向下滚时,里面的沙子也被迫处于一起滚动的状态。

　　还可以做一个类似的实验。

　　材料:大小基本相同的生、熟鸡蛋各一个,一块比较宽且光滑的木板平面,书

　　在一个比较宽且比较光滑的木板一头垫上几本书,做成一个斜面。两手分别握住生鸡蛋和熟鸡蛋,置于木板相同的高度,同时放手,让生熟鸡蛋同时向下滚动,你会发现生鸡蛋明显比熟鸡蛋滚得快。当然,因为鸡蛋的形状不是圆柱体,它们滚动的路线弯弯曲曲,但其快慢还是显而易见的。

　　实验中注意在木板下方及时接住鸡蛋,以免其破碎。这里,生鸡蛋里面的液体蛋清可以流动,相当于上面装水的瓶子;而熟鸡蛋因为蛋黄蛋白均凝了固体状,混为一体,相当于装沙子和锯末的瓶子。

　　由实验 19(一个蛋的转动惯量)可知,生鸡蛋的转动惯量大。此实验说明,转动惯量大的物体,从斜面上往下滚时,比转动惯量小的物体快。

实验 91　钻石原理——转轴位置是关键

取一个甜橙,插入一根毛线针或一个游戏棒或者某种类似的东西作为穿过重心的转动轴 A。取第二个甜橙,插入一个远离重心的转动轴 B。使两个甜橙都处于绕着转轴转动的状态。观察二者的区别何在。

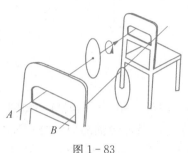

可以把两根毛衣针的两头分别搭在椅背上(如左图),用手扒拉甜橙,你会发现,A 轴上的甜橙很容易就绕着 A 轴做稳定的转动。而 B 轴上的甜橙怎么也转动不起来,它最稳定的姿态是在 B 轴上大头朝下地挂着。

这是因为 A 轴是穿过甜橙重心的转动惯量最大的主轴,甜橙的质量均匀地分布在转轴 A 的周围,因此,只要对甜橙稍加拨动,甜橙就

图 1-83

会绕 A 轴做均匀的转动,即使手离开了甜橙,甜橙依然会因为惯性而继续绕毛衣针转动,直到支撑衣针两头的椅背和毛衣针之间的摩擦力让这种转动停止。而 B 轴是偏心(偏离重心)的,甜橙的质量在转动轴 B 的周围分布极度地不均匀,如果没有强大动力持续地强迫它转动,甜橙是很难绕着 B 轴转动的。

实验 92　主轴——转动惯量不怕大、不怕小,就怕是中间

把一本合上的书(比如厚约 3 cm,长、宽各约 21 cm、15 cm),放在你面前的桌子上,就好像你似乎正要将其打开。这时,取一条结实的黏胶带,将其横贯书本粘贴,或者就用比较细而结实的绳子,把书用绳子不松不紧地捆起来,让绳子在书的封面和封底呈十字花,使人不能再把书本打开,以保证书本呈现一个规范的长方体不散架。现在,辨认穿过书中心点——同时也应该是重心的书的三个主轴:

A＝从前向后(或从后向前)的轴,沿纵向穿过书本;

B＝从上向下(或从下向上)的轴,沿垂直向穿过书本;

C＝从左向右(或从右向左)的轴,沿横向贯穿书本。

所有轴都经过书本的重心。(见下图)让这本书依次绕三个轴慢慢转动。看看书的哪个轴有最大的转动惯量,哪个轴有最小的转动惯量。也许更好的办法是分析书的质量绕不同主轴的分布方式。质量分布越是远离主轴,则书本相对

于这个主轴旋转的转动惯量越大。反之,书本的质量分布越是靠近主轴,书本相对于这个主轴的转动惯量越小。

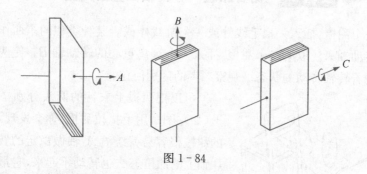

图 1 - 84

由图可见,A 轴插入书中的长度最短,整本书的质量在如此短的转轴的周围分布;B 轴插入书中的长度最长,整本书的质量可以在很长转轴的周围分布;C 轴插入书本的长短居中。因此,书本相对于 A 轴的转动惯量最大,相对于 B 轴的转动惯量最小,相对于 C 轴的转动惯量属于中等。

重复以上的转动实验,但让书每次都绕轴做快速转动。比如在有软垫子的沙发、床或其他软垫子的上方,用两只手分别拿住垂直于转轴的书本的两个对角或两个对边,努力使书本分别绕着 A、B、C 轴做旋转运动。你会发现,使书本绕 A、B 两轴的旋转很容易做到。

但欲使书本绕着具有中间转动惯量的 C 轴做持续旋转,却很困难。刚开始,书本好像是绕 C 轴在转动,但很快转轴就偏离了 C 轴,根本不再绕固定的 C 轴旋转,运动着的书本的转轴好像一直在变动,很不稳定。

这是因为刚体相对于某一主轴的转动惯量与相对于其他两个主轴的转动惯量之间有两个差值,刚体(这里是书)绕此主轴转动的角速度与这两个差有关。如两个差的符号相同(差都为正(A 轴)或都为负(B 轴)),则刚体(书本)绕着此主轴的转动是稳定的;如两个差为异号(即一正一负),则刚体(书本)绕着此主轴的转动就是不稳定的,如本例的 C 轴。

实验 93 进动——转动的稳定剂

材料:唱片,长约 80 cm 的带子

取一个直径约为 30 cm 的唱片,把一根绳子穿过唱片中心的洞,在绳的一头打一个大结,以便人抓住绳的另一头时唱片不会掉下来。把穿过唱片洞眼的绳

子的另外一头,拴在一根水平方向固定安置的棍棒上,让唱片在绳上摆动,观察唱片的行为。

待唱片停止摆动后,做第二次实验:两只手分别扶住水平位置的唱片直径方向的两个边缘,沿相反的方向用力,形成力偶,转动唱片。在唱片绕"绳轴"做强有力的转动后,再轻轻拨动绳子偏离铅垂方向的平衡位置,让它摆动。观察旋转唱片的状况。两次摆动的区别在哪里?

你会发现,当唱片单纯摆动时,因为唱片的圆盘面很大,它不像小体积的摆锤那样能够做稳定的摆动,盘面像一个"醉汉"晃晃悠悠地摆来摆去,很不稳定(见图 1-85(a))。而且摆动较短时间就停下来了。

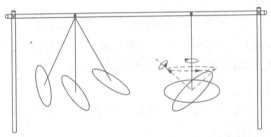

(a) 以唱片为摆锤的摆动,不稳定、不规则   (b) 唱片以绳为轴作强有力的转动后,再启动摆的运动,则表现出明显的进动

图 1-85

对于第二次实验,起始时唱片以绳为轴作强烈地转动,即使手拨动绳轴,使其偏离平衡位置,它也会较快地回到铅垂的平衡位置。在绳的铅垂位置上,唱片圆盘面会平行于水平面、以绳为轴旋转(见图 1-85(b)中的正椭圆,按实验 88 中的右手定则所述,其旋转方向铅垂向下),盘面的旋转使绳轴线扭转。当绳轴线不可能再继续扭转下去时,唱片盘面会稍作停顿,然后改变旋转方向,反向旋转并进动(见图 1-85(b)中的斜置椭圆),以放开(绳)轴线原先形成的扭转。唱片盘面的旋转轴垂直于盘面,而旋转轴自身又会沿着锥面转动(见图 1-85(b)的虚线锥面),由此形成典型的盘面旋转加进动。绳带轴线扭转完全放开后,因为惯性,绳子会继续沿着放开扭转的方向,即与开始时扭转相反的方向继续扭转,盘面则维持其相应的旋转和进动。因为棍棒上绳结处的摩擦损耗,第二次扭转比第一次完成扭转的程度低时就不能再继续扭转了。这时盘面又会稍作停顿,再次反向旋转并进动,放开绳带轴线的第二次扭转,当然强度大大减弱。在绳子第二次扭转完全放开以后,因为惯性,轴线还会继续沿原来的方向作第三次

扭转,当然扭转强度会进一步减弱,直到不能再继续扭转。这时,盘面又会稍作停顿,再反向,向放开扭转的方向旋转和进动。如此反复,直到(绳)轴线的扭转完全放开,并不再有反向扭转,绳带轴和盘面都归于静止。

也可用直径较小的废旧 CD 片、VCD 片或 DVD 片代替唱片,如果中心洞眼大,可以用绳带系一根牙签,防止绳带从洞眼中滑出。因圆盘面直径短,效果会差些,但仍能看到其基本效果。

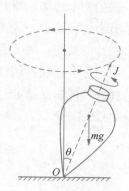

绳带轴线,最好不要用多股线扭在一起的那种,这会使绳轴线的扭转效果和辨识扭转方向大打折扣,可用纱布长条带,薄的布带等。

日常生活中见到的最典型的进动例子当属陀螺的旋转。陀螺自转的同时,其自转轴又沿锥面运动,这种自转轴的进动成为陀螺转动的稳定剂,使陀螺虽然旋转却不容易趴在地上不动而罢工。

图 1 - 86　陀螺的进动

子弹穿过枪筒射出枪口前,会因枪筒中的来复线而旋转并进动,这使子弹不会大幅度偏离射击目标。

这里所说的"来复线",指的是枪筒内壁加工而成的、沿螺旋方向直奔枪口的金属棱线。这些棱线迫使子弹穿过枪筒时不能直接直线射出枪口,而是被来复线规范着、强迫着,一边前行、一边绕前行方向旋转。这种旋转一出枪口,就会激发进动,和在地面上运动的陀螺边旋转边进动相似。正是这种进动防止了子弹受外界风力、空气阻力等影响而大幅度偏离射击目标。

图 1 - 87　飞行的子弹,因进动而方向稳定

实验 94　自转与公转——地球与自行车同理

材料:自行车

我们都知道,地球每天绕自己的转轴自转一圈,每年绕太阳公转一圈。也就

是说,在自转角动量之外,还有另外一种轨道角动量存在。地球自转具有自转角动量,绕太阳公转则使其具有轨道角动量。

我们还可以在生活中找到更简单的自转和公转的例子:将一辆自行车两个轮子朝上安放,一个脚踏板可以处在以脚踏板自己的纵向中线为转轴的自转状态,也可以用脚踏板驱动脚踏曲柄和后轮。脚踏板绕着脚踏曲柄终点轴的转动,就是脚踏板的公转运动。

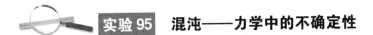 **实验95** **混沌——力学中的不确定性**

材料:两个磁铁,小金属球(必须能被磁铁吸引的那种),线

以金属球为摆锤,制成一个自由摆动的摆。把两个磁铁安放在摆的下方离摆锤静止位置相等的距离上。摆线的长度必须满足:使摆锤在两个磁铁上方时,可以处于静止状态,即在这样的静止位置摆锤不再是垂直悬挂的。

现在,使摆倾斜,等待,直到摆在一个磁铁的上方处于静止状态。用近似相等的倾斜,重复几次实验。如果整个装置安置正确,摆锤应该一会儿在一个磁铁上方一会儿在另外一个磁铁的上方处于静止状态。记录下开始点,用颜色笔(如红色和绿色)作标记,以确认对哪个结果运用了某个确定的开始点。

尝试着寻找一个系统的结果。

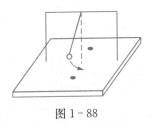

图 1-88

你会发现,系统结果很难看出一定之规,具有较强的不确定性。

第二部分　热力学

一、气体力学

二、液体力学

三、热学

一、气体力学

 **实验 1** **潜水钟罩——空气占有的空间,水也只能乖乖让位**

材料:装有水的洗涤盆,玻璃杯

如图 2-1,将平底无把的空玻璃杯开口朝下置于水面之上,再将杯子慢慢地、不出现任何气泡地按入水中、盆底。观察玻璃杯中的水平面。为了方便观察,在玻璃杯入水之前,可以用油性记号笔在杯内壁随便画画,给玻璃杯内壁涂上点颜色或者贴上彩纸,作为观察倒立玻璃杯中水平面的参照物。将倒立玻璃杯慢慢地取出水面以后,还可以将一个干手指头伸入杯内壁,以进一步确认盆中的水是否进入玻璃杯中。你会真真切切地发现,盆中的水竟然没有进入玻璃杯中。

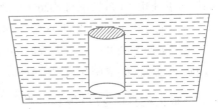

图 2-1 潜水钟罩,玻璃杯倒立潜于水中,杯内水平面的高度可用以测量盆中等水位的压强

这是为什么? 实际上,在玻璃杯与水接触之前,杯中的空气具有一个大气压的压强,倒立的杯子一旦与水面接触,杯内空气的质量就锁定为一个确定的值。杯子压入水底以后,杯口的压强,等于水盆中水平面上方空气的大气压 p_0 加上盆中水面的高度 h 形成的压强 p,后者 p 相比 10 m 水柱高的一个大气压强 p_0 来说是很小的压强。也就是说倒立杯口的压强比一个大气压 p_0 大一点点,这一点点大的压强 p 想把水压进玻璃杯中。盆中的水一旦进入杯中,杯子中空气所占的体积就会缩小,同样质量的空气所占的体积缩小,压强就会增大(因为单位体积的空气分子增多,导致单位时间内与器壁和水面碰撞的分子数增多,所以器壁和水面所受的平均冲力增大,即压强增大)。玻璃杯内压强的增大很快就抵消了盆中水面高度所提供的小小压强差,使水无法继续进入玻璃杯中。

也许有读者会问,凭什么说盆中水面高度与一个大气压相比只提供了小小的压强差?要知道,水可比空气重多了。那就让我们看看一个大气压与 10 m 高水柱提供的压强相当是怎么来的。

我们知道,一个大气压 $p_0=1.0\times10^5$ Pa,而水的密度是 $\rho=1.0\times10^3$ kg/m³,重力加速度 $g=9.81$ ms⁻²。由压强公式 $p=\rho g h$ 可知,一个大气压 p_0 相当的水柱高度 $h=\dfrac{p_0}{\rho g}=\dfrac{1.0\times10^5}{1.0\times10^3\times9.81}=10.1$ m,也就是说,一个大气压相当于大约 10 m 高水柱产生的压强,盆中水面高度若远小于 10 m,则它与一个大气压相比实在是很小很小。

图 2-1 中玻璃杯中,没有进水的解释用物理学语言表达就是理想气体的玻意耳定律:一定质量的气体,在温度不变时,它的压强 p 与体积 V 成反比:$\dfrac{p_1}{p_2}=\dfrac{V_2}{V_1}$ 或者写成 $p_1V_1=p_2V_2$。本实验中,一定质量的气体指的是封闭在玻璃杯底与盆中水面之间的空气。实际气体,除了在低温高压情况下会偏离理想气体的规律,一般都与理想气体所得到的结论相符合。

鉴于一个大气压强相当于 10.1 m 水柱的压强,只有当盆中水面高度可以和 10 m 水柱相当时,玻璃杯内进入的水才会明显可见。

以上分析也提示我们,这种"潜水钟罩"可以作为一个简单的压强计,因为玻璃杯内水平面的高度可以告诉我们杯内空气的压强数值,而这个数值等于与玻璃杯内水平面等高的盆中相应水位处的压强值。这种压强计的刻度会是什么样呢?

根据玻意耳定律有,$p_2=\dfrac{p_1V_1}{V_2}$,其中 $p_1=1$ 个大气压,$V_1=$ 玻璃杯的容积,

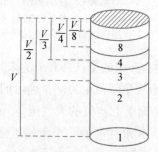

图2-2　倒立玻璃杯内水位相关的压强值

杯壁上的刻度数字 1,2,3,4,8 表示杯内尚存空气的压强,单位是 1 个大气压。杯子左侧数字表示对应压强刻度线,杯底和杯内水位所封存空气的体积,用以理解等温、等质量的空气压强与所占体积的关系。其中 V 表示玻璃杯的总容积。

若玻璃杯是一个直筒杯子,则有 $V_2=V_1-$(进入杯内的水面高度乘以玻璃杯横截面积)。比如 $V_2=\dfrac{1}{2}V_1$,或者说 $\dfrac{V_1}{V_2}=2$,则 $p_2=2p_1=2$ 个大气压,若 $V_2=\dfrac{1}{3}V_1$,则 $p_2=3p_1=3$ 个大气压,……若 $V_2=\dfrac{1}{n}V_1$ 则 $p_2=np_1=n$ 个大气压,$n=1,2,3,\cdots$ 则一个玻璃杯上的刻度,看起来应该如图 2-2。

图 2-2 中数值 1,表示没有水进入杯中,杯内空气压强维持在初始的 1 个大气压。因为 1 个大气压约为 10 米高水柱的压

强,在多数实验条件下水很难进入玻璃杯内,因而1个大气压数值是最常见的杯内空气压强数值;数值2表示杯中进入的水侵占了杯内一半的空间,空气被挤在了原来一半的体积之内,因而压强是原来的2倍,变成了2个大气压,这时玻璃杯的位置应在约10米的水下,空气压强1个大气压,10米水柱约一个大气压,因而杯内空气的压强为2个大气压。数值3表示杯中进入的水,侵占了杯内2/3的空间,空气被挤在了原来1/3的体积之内,因而压强是原来的3倍,变成了3个大气压,这相当于水玻璃杯在约20米水柱之下。4表示空气被挤在了原来1/4的体积之内,压强是原来的4倍,成为4个大气压,这相当于玻璃杯在约30米水柱之下。……

 实验2 **空气占有空间吗?——空气与水抢占空间,手绢干湿看输赢**

材料:手绢,玻璃杯,装有水的盆

把手绢塞进空玻璃杯里,要让玻璃杯倒转过来时手绢不会掉出来。现在,你把玻璃杯开口朝下浸入水中一段时间,然后把它从水中拉出来。手绢仍然是干的,因为水不能把玻璃杯中的空气排挤掉,这种杯子底在上,水面在下的情况中,杯中空气无处可逃。

本实验的关键是杯子必须保持垂直水平面慢慢地进入水中,把杯子拿出水面也必须小心翼翼。如果动作快了或者杯子稍有倾斜,出现了气泡,哪怕是小气泡,也说明杯内空气已经从倾斜杯子的一边和水面之间的空隙中逃遁,水会立刻涌进杯子占据逃走空气的位置,弄湿手绢。特别是手绢最高位置离杯口不远而盆内水面又较高时,尤其要小心。

从本质上看,本实验与实验1(潜水钟罩)的原理相同,只是玻璃杯内空气所占体积要排除手绢所占容积。本实验的玻璃杯不必像实验1那样完全地深深地潜入、浸没在水中,装有水的盆可以比实验1所用的器皿小,水也可以少很多。按照实验1的分析,只要操作合适,没有出现气泡让杯中空气逃走,盆中水是不会进入玻璃杯中的。

 **实验3** **空气的体积——水与空气的地盘之争,疏则双赢,堵则双亏**

材料:瓶子,橡皮泥或者口香糖,漏斗

把漏斗插入瓶颈,用橡皮泥或者口香糖封住瓶颈与漏斗细管之间的缝隙。现在,往漏斗里倒水,你会发现水流进瓶里的速度很慢,因为瓶里的空气只能通过漏斗逃逸出来,瓶里的空气不出来,它所占有的体积和形成的压强都会阻碍水的进入,因而水流进瓶中的速度很慢。

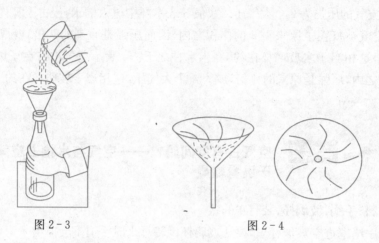

图 2-3　　　　　　　　　　　　　图 2-4

如果去掉密封,则漏斗和瓶口之间的缝隙提供了被水挤压的空气的出逃通道,空气出逃,不再和要流进瓶中的水抢占空间,水就较快地涌入了瓶中。

在实际中,由于漏斗下小上大的特点,难免瓶口和漏斗间的缝隙太小,影响通过漏斗倾倒液体的速度,因而在漏斗大口内壁加上一些旋转的棱条,迫使液体在漏斗中旋转而下,避免乱流堵住漏斗小口空气出走的通道,加快液体入瓶的速度(见实验 49 旋涡)。

 实验 4　空气的质量——杠杆称空气,质量现原形

材料: 约 1 m 长的棍子,绳子,气球,小盒子,大米或者沙子,回形针

棍子是当作秤来用的。在棍子精确的中间位置挂上绳子,可在棍的中间位置刻一个凹槽,以免绳子滑下来。在棍子的一端吊一个极轻小的盒子,另一端吊一个充了空气的气球。现在,把米粒或者沙子往小盒子里装,或者用回形针当游码别在棍子的另一端上,使秤平衡。

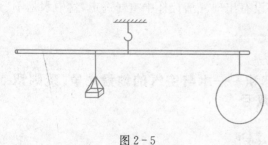

图 2-5

再放掉气球中的空气,则棍子相应的一头高上去了,因为气球中空气的质量缺失了。

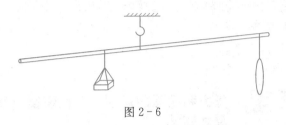

图2-6

因为空气看不见摸不着,说它有质量难以让人相信。把空气装在气球里称一称,质量就现形了。

 实验5 **低气压——降温使气体分子动能大减导致气压降低**

材料:空的啤酒或者椰奶罐头盒,电炉或者燃气炉,装有冷水的器皿(比如平底、有深度的餐具盆)

用菜刀、钳子把空罐头盒的上盖罐头皮全部除去,用锉刀把锐利的边压下靠边,以防伤人。在罐头盒中装上若干毫米高的水。在电炉上或者用铁丝做成简易小炉蔽放在燃气灶上加热罐头中的水,直到里面的水烧开,强有力的蒸汽往外冒。就这样,还要让水沸腾两分钟。戴上隔热手套,快速把水倒掉,将罐头盒开口朝下按入装有冷水的器皿中,让罐头盒开口圆周与器皿底面紧密接触。解释由此出现的惊人的效应。你会发现容器中的水很快涌进罐头盒,使倒置的罐头盒里涌进了大量的水。要知道,如果没有加热过程,通常空罐头盒直接压入水里是不会进水的(见实验1,潜水钟罩),就算操作不当,不小心让空气挤进了罐头盒,进水量也绝不可能超过罐头外的水平面(见实验8,空气压强2)。

先看看对于不透明的罐头盒,如何知道里面进水及大概进水量呢?办法一:用一只手压住向上的罐头盒底,让整个罐头盒在水中作缓慢的平动,同时用耳朵贴近罐头盒侧面,注意听盒内水面随平动发出的声响,协助判断盒内进水的量。办法二:办法一执行完毕后,可一手压紧罐头盒的封闭端,一手托起器皿外侧底部,屏住呼吸,快速翻转罐头盒和器皿的相对位置,让器皿中的水下落,器皿盖住罐头盒开口。再拿掉器皿,你会很吃惊地发现,盒中的进水量相当大,甚至高于原来器皿中水面的高度。

探讨现象出现的原因:通过加热罐头盒中的水,使盒中水上方的空气也被加热跑出了罐头盒,剩下盒内空气密度大大减小。热水倒掉以后,罐内空气温度很高,各个空气分子运动速度很快,造成罐内空气虽然密度下降,但压强仍然大。一旦空罐头盒倒置进入器皿的冷水中,罐内空气温度急剧下降,空气中各个分子的运动速度大幅下降,导致空气压强也大大下降,容器外的大气压强大于罐内空气压强,把水挤压进入了罐头盒内。

 **实验6** **压力和压强的区别——面积换深度,一大,一小,反之亦然**

材料:两块大小不同的木头块,柔软可塑的材料(比如和好的面粉或软橡皮泥)

把可塑的材料分成两部分并稍稍压平,使大的木块也可以不悬空地完全置于其上。把小木块放在大木块上面,再把大木块放在可塑的材料上,使两块木头

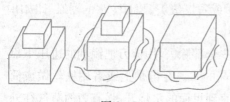

图2-7

的全部重量都压在可塑的材料上。重复以上实验,但这次把小木块放在最下面。你会发现,可塑的材料被压下的深度不一样,小木块在下时可塑的材料被压下的深度要深许多,尽管两种情况下重量是相同的。

这是因为大木块在下面时,柔软的可塑材料受压面积大,每一平方厘米单位面积上承受的重量即压强就小,因而可塑材料被压下的深度就浅;而小木块在下面时,橡皮泥受压面积小,既然重量没变,每一平方厘米单位面积上所承受的重量就变大,因而可塑材料被压下的深度就深。两种情况,相当于面积换深度。橡皮泥承受面积大,被压下的深度就浅。橡皮泥承受面积小,被压下的深度就深。

 实验7 **空气压强 I——压强对任意方位的平面均等**

材料:漏斗,薄膜,橡皮筋

用薄膜把漏斗宽敞的大口一端封住,用橡皮筋把薄膜固定住,使其张紧。你用嘴,或者小型吸尘器(比如:用于给计算机键盘等表面吸尘的 Philip 小型吸尘器)在漏斗的细管子一端抽吸少许空气,则薄膜会向里凹进,这是由于外面的压强大于漏斗里面的压强。这个效应与人拿住漏斗的方向无关,因为薄膜外的空气压强作为一种流体的压强对任何方位的平面元都是相等的。

 **实验8** **空气压强Ⅱ——吸管进出水柱的游戏,玻意耳定律来操纵**

材料:装有水的玻璃杯,透明的吸管或者细玻璃管

用手指把吸管上端开口堵住拿在手中,让吸管浸入装有水的玻璃杯,则没有水能涌进吸管。这可以用如下方法证明:保持吸管上端堵住,把吸管拿出玻璃杯以后再放开堵住吸管口的手指,没有水从吸管里流出来,如图2-8所示。

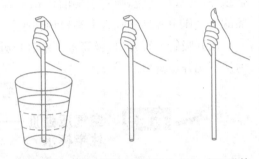

图2-8 一端封闭的吸管,插入水中,水不进管

本实验实际是一个等温过程,吸管进入水中之前存在于空气之中,因此吸管里的压强是大气压强,上端封住后放进有水的玻璃杯。如果水要进入吸管,则吸管内会因为水的进入而使空气所占体积变小,而气体的质量没有减小,同样质量的气体挤在更小的容积之内,吸管内的压强就会变得比大气压还要大,正是这个变大了的压强不让杯中的水进入吸管。

也许有细心的读者会问,你怎么完全没有提到水杯中水的压强呢? 因为水杯中水面高度太小,其影响可以忽略,见实验1(潜水钟罩)的分析。在实际实验中的最后一步,当你放开堵住吸管上端开口的手指后确实没有水滴下来,但是如果你仔细观察吸管下端开口,你会发现还是有极少的水在管口借助于水的表面张力存留于端口而不滴下,这点极少的水,就是玻璃杯中水面高度的可以忽略的影响。

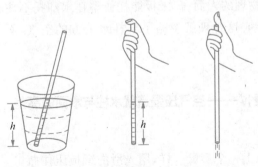

图2-9 两端开口的吸管插入水中,封住上端口,管中水不离管

如图2-9,不封任何端口,直接把吸管放进有水的玻璃杯里,水会进入吸管,直到吸管中水面与玻璃杯中水面平齐。这时封住吸管的上端,把吸管抽出玻璃杯,则水仍然留在吸管中。这样拿出吸管以后再打开吸管的上端封口,进入吸管的水就会哗哗地流出来。

当空吸管直接放入水中后,其上端只有大气压强,而吸管下端的

压强,除了玻璃杯水面上的大气压强外,还要加上玻璃杯中高度为 h 的水柱的压强,显然,吸管下端压强比上端大,大出的数值是杯中水柱的压强,正是这个水柱的压强把水挤入吸管,直到吸管内水面与杯内水面相等,实现了各处压强的平衡。

封住吸管上端开口,把吸管拿出杯子,吸管中的水不会从下端开口流出来是因为玻意耳定律,$pV=$ 常数(见实验1,潜水钟罩)。下端开口被空气中的大气压强顶住,若水往下流,吸管上端的体积 V 增大,其中的空气压强 p 就会减小,外面的大气压更容易从吸管下端口顶住吸管下端的水柱(见实验1)。

放开吸管上端开口,吸管上下端开口处的压强都是大气压强,水借助自身重力从下端开口流出。

实验9 空气压强Ⅲ——纸板能托住满满一杯水,却托不住半杯水

材料:玻璃杯,光滑的纸板

在玻璃杯里尽量装满水直到杯子的边缘。用纸板盖住玻璃杯。在杯子上方压住纸板,转动玻璃杯使其开口向下。小心翼翼地放开压住纸板的手。为什么没有水流出来?

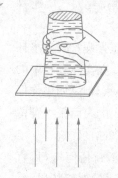

图 2-10

这是因为纸板下的大气压强(相当于约 10 m 水柱高的压强,见实验1,潜水钟罩)托住了整杯水。这里特别要说的是,纸板材料要求是光滑的,否则漏气,实验就可能不成功。同理,若杯里只有半杯水,当水杯倒立时,杯底的空气有大气压强,纸板下的空气也有大气压强,二者差不多大小,水则在自身重力作用下哗哗往外流,杯中的水很快就被倒光。

对于不了解物理的人而言,纸板能托住整杯水却托不住半杯水,岂不怪哉。这种理解忽略了半杯水上方的空气,而空气也有压强。

实验10 空气压强Ⅳ——空气压强造就水柱与水面的高差

材料:宽口瓶子,碗

如图 2-11,在瓶子内装满水,像上一个实验一样,用光滑的纸板压住瓶口,在装有水的碗中把瓶子倒过来以后,再把纸板从水中抽走。瓶内的水不会流出来,因为碗中水面上的空气压强是相当于 10 m 水柱高的大气压强,远远大于瓶

内水柱的压强。

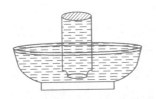

图2-11 只要不进空气,瓶中水面可以远高于碗中水面

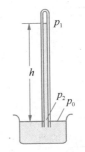

图2-12 托里拆利压强计

就像1634年,意大利的托里拆利(Torricelli)用他发明的水银气压计(见图2-12)测量了大气压。先将一段封闭的长玻璃管中充满水银,然后倒放于盛水银的槽中,管内水银面下降到一定程度即停止,留下的空间除了水银蒸汽外没有其他气体(见图2-12)。在常温下水银蒸汽压 p_1 可忽略,即 $p_1 \approx 0$。量得水银柱高 $h = 76$ cm。也就是说,大气压强 p_0 相当于76 cm水银柱高。那么大气压强是多少呢? 这可以用简单的方法计算确认:

因为 $p_2 =$ 大气压 p_0,而 $p_2 - p_1 \approx p_2 = p_0 = \rho g h$,其中 ρ 是水银的密度,$\rho = 1.36 \times 10^4$ kg/m³,g 是重力加速度,$g = 9.81$ m/s², $h = 76$ cm $= 0.76$ m,代入计算可得大气压强 $p_0 = \rho g h = 1.36 \times 10^4$ kg/m³ $\times 9.81$ m/s² $\times 0.76$ m $= 1.013 \times 10^5$ Pa。在科技中,一个标准大气压(atm)定义为101 325 Pa。这相当于水银柱高取760 mm,水银密度取摄氏零度时的值($\rho = 13\,595.1$ kg/m³),重力加速度取 $g = 9.806\,65$ m/s² 时进行上述计算所得的值。

同样,在图2-11中,只要瓶中不进空气,在通常一个大气压强的情况下,水柱高度差可以达到10 m左右(见实验1,潜水钟罩)。如果瓶中进入空气,则瓶内可能的最高水柱会小于10 m。因为瓶中水柱高度的最大值取决于瓶内最上方的空气压强加上水柱的压强等于碗中水面上的大气压这一关系。

本实验图2-11中当人把瓶子倾斜让空气涌入,水才会流出瓶子。

 **实验 11** **空气压强Ⅴ——截住通向瓶内的空气通道,保住瓶内水量**

材料:空的透明塑料水瓶,装水的容器,水

在透明塑料水瓶的一侧,用钉子戳两个孔(见图2-13)以后,将空瓶子横放

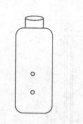

图 2-13 用钉子在空瓶上钻两个洞眼

着完全浸入水中装水。在装水的过程中轻轻挤压瓶身,从瓶口把瓶内空气排出,以便让瓶子里装满水。瓶中装满水后,手浸在水中把瓶子的瓶盖拧紧,再把瓶子竖直放在水中(见图 2-14(a),图中瓶盖用涂黑表示)。你会发现瓶中的水不会跑掉。你还可以用手拿住瓶颈把装满水的瓶子提高。只要瓶子上的洞眼没有露出容器的水面,瓶子里的水就不会有丝毫减少(见图 2-14(b))。一旦洞眼露出水面,瓶子里的水就会通过洞眼往外冒,直到瓶子里的水面和容器里的水面平齐(见图 2-14(c))。

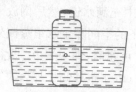 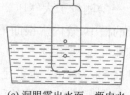

(a) 瓶盖拧紧,瓶内水量不变   (b) 洞眼在水下,瓶内水量不变   (c) 洞眼露出水面,瓶内水外冒,瓶内外水位平齐

图 2-14

但是,如果你在瓶子里装满水,使其直立在容器底上的时候(见图 2-14(a)),打开瓶盖(图 2-15 中瓶口代表瓶盖的黑色去掉了),瓶中的水面会很快下降,直到与瓶外容器里的水面平齐(见图 2-15)。

不管是瓶盖打开还是洞眼露出容器的水面,都会使瓶内与瓶外空气相通,使外面空气进入瓶中,把瓶内的水挤出瓶外。而只有封住外面空气与瓶子内部的通道,水才可以保持在瓶内,不溜出瓶外。

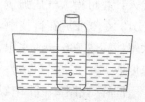

图 2-15 图 2-14(a)之后,打开瓶盖,瓶内水位迅速下降到与瓶外平齐

 实验12 压力补偿——一根小吸管,让你解渴难

材料:装有饮料的玻璃杯,两根吸管

保持一根吸管在饮料中并且吮吸它。饮料会向上流动,因为通过吮吸,你嘴

里的压力下降,饮料在液面上方大气压强的帮助下被压进了嘴巴。现在,再取第二根吸管放进嘴里,但不要插进饮料里。再试试喝饮料。这次你就喝不进去了,因为第二根吸管在不断地为嘴内外的压力平衡而操劳。

你虽然仍然吮吸,但嘴内压强并不减小,因为嘴巴通过第二根吸管与外界空气相通,始终保持着与外面一样的一个大气压强,嘴内外压强一样,饮料当然吸不上来了。而吸管中的水位与饮料液面的高度一样(见实验8,空气压强Ⅱ)。

图 2-16

 实验 13　空气的重量——看不见摸不着的空气重量大现形

材料:报纸,长尺子

把尺子放在桌子上,使它的一端越过桌边向外伸着。当人拍打向外伸着的尺子的一端时,显然,另外一端会翘起来。

现在,你把一张或两张报纸放在尺子上,用手从上面抚平报纸,使桌子和报纸之间几乎没有空气。这时,你在短时间内拍打尺子伸出桌面的一端,尺子的另一端不再翘高。报纸上的空气压住了报纸,因而也压住了尺子。

图 2-17

 实验 14　气压计——用杠杆放大压强变化

材料:大瓶子,气球,橡皮筋,长吸管,黏胶带,大头钉

用一块张紧的气球皮封住空瓶子的开口,并用橡皮筋将其扎牢。让瓶子摆放在靠墙且温度恒定的地方。在距吸管一端约 1 cm 远处,穿过吸管插一根大头钉,再把大头钉钉在墙上,把吸管短的一端放在瓶子开口处气球皮的中心。把大

头钉钉在墙上的方法可以如下操作:先确定大头钉钉在墙上的位置,再在相应的位置给墙凿一个小洞,往洞里塞进一小块木质尖劈,使木料在小洞中结实地附着。最后就有可能把大头钉钉进木料而固定在墙上。用黏胶带把吸管固定住。吸管应与水平方向成30°角。外部空气压强增高,瓶口的气球皮会向瓶内凹陷,吸管指针就会向上运动。

图 2-18

这是因为外部空气压强增高时,瓶口的气球皮向瓶内压缩带动其上的吸管一端下行,形成吸管以钉在墙上的大头钉为支点的杠杆运动,于是吸管另一端向上运动。又因为支点大头针离瓶口近,杠杆力臂短,指针末端离支点远,于是瓶外压强的增高在指针上得以放大,可以读出压强小增量的变化,提高压强计的灵敏度。

 实验15 **呼吸模拟Ⅰ——胸腔低压,肺部扩张,空气吸入**

材料:气球,两根细玻璃管或者细的橡皮管,橡皮筋,带软木塞的瓶子或者玻璃杯,可塑橡胶或橡皮泥

用橡皮筋把一个气球固定在一根细玻璃管的一端。为了插进细玻璃管,要在软木塞上钻两个洞。在你把玻璃管插进软木塞以前,有可能需要在玻璃管上抹上少许油。把软木塞盖在瓶子上。用橡皮泥堵住所有可能的缝隙,使其不漏气。如果瓶颈很小,也可以用可塑橡胶代替软木塞。

现在,你用没有气球的玻璃管吸气,气球因外部压强降低而膨胀。这类似于动物呼吸的原理:通过胸腔出现低压,肺(气球)就扩大,使空气进入。当然动物呼吸的胸内低压源于胸腔的扩张,而不是实验中的吸气。

软木塞和抹了黄油的
管子,保证了密封连接。

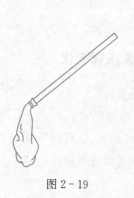

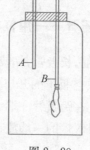

图 2-19   图 2-20   图 2-21

 **实验 16** **呼吸模拟 Ⅱ——胸腔扩张,出现低压,肺部扩张,空气吸入**

材料:冻过的塑料袋,大口瓶,气球,吸管,橡皮筋,黏胶带

如图所示,把大口瓶放进冻过的塑料袋里,用橡皮筋和黏胶带把气球固定在吸管上。在吸管插入口袋开口之后立刻封住口袋,使气球在瓶内吊着,只通过吸管与外界相连。袋中封住的空气的体积应该尽可能小。如果所有的过程均不透水,根据理想气体的状态方程,塑料袋中包括大口瓶在内的、除去吸管和气球的一定质量的理想气体的压强 p、体积 V、温度 T 的关系为:$\dfrac{pV}{T}$ = 常数。现在环境温度高于口袋内自身温度,即 T 增大,实验表现说明这时会出现体积 V 增大较多而 p 略有减小以保持常数不变。也就是说,在口袋体积增大的同时,口袋中出现了一个低压,外面的空气会通过吸管进入气球,气球因外面的空气进入而膨胀。

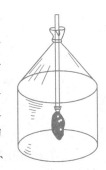

图 2-22

这与动物呼吸原理类似:胸腔(塑料口袋包住的除掉吸管和气球的大口瓶)扩张(V 增大)而出现低压,这使肺部(气球)扩张吸入空气。当然动物胸腔的扩张来源于动物呼吸时自然的扩胸动作,而不是实验中的温度变化。

 实验 17 **气球作为瓷杯虹吸管——体积增大,压强减小**

材料:气球,两个旧瓷杯

如图1,把气球吹大一点点,让瓷杯的开口朝向气球分别在气球的左边和右边贴紧。再把气球继续吹大,瓷杯则在气球上贴牢了。

这是因为气球在吹大的过程中,表面的曲率半径增大或者说气球表面的曲率减小,由此在杯中形成一个低压,瓷杯就把气球抓紧了。

具体的分析如图 2-24,当第一次吹气进入气球时,气球表面进入瓷杯比较深入(见图中虚线的位置),它封住了瓷杯中一定量的空气。当气球被进一步吹大时,气球表面进入瓷杯的深度变浅(见图中点

图 2-23 实验示意图

画线的位置），原先被封在瓷杯中的空气体积变大，根据理想气体的玻意耳定律，$pV=$常量，体积变大压强必然变小，于是杯中出现低压，吸住了气球。就像用吸管喝饮料时用嘴巴吸气，吸管中出现了低压，饮料就被吸进了嘴巴一样。

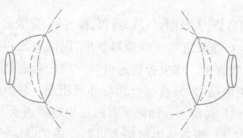

图 2-24　气球吹大，瓷杯吸牢原理分析

本实验，若用嘴巴吹气费力，也可以用自行车万用打气筒。把打气筒的锥形气嘴插入气球口，并用手或绳子将气球口与气嘴贴紧，以防漏气。就可以在需要时给气球打气了。

 实验 18　**瓶里的鸡蛋——让空气把熟鸡蛋压入瓶内**

材料：热的剥了壳的熟鸡蛋，两张报纸条，有较大开口的瓶子

把两张报纸条扭在一起后点燃。把燃着的报纸扔进瓶里。燃烧一停止，就立即把蛋放在瓶口上。瓶里的空气冷却下来会形成一个低压，鸡蛋就会被瓶外的大气压强压进瓶子里去。

用物理学语言来说，报纸条燃烧后瓶内热空气从瓶口外溢，瓶内剩下密度较低而温度较高的理想气体——空气，熟鸡蛋封住瓶口以后，瓶内的理想气体的质量被锁定，其体积就是瓶的容积也是确定不变的，根据理想气体的查理定律，压强 p 与温度 T 成正比。当瓶内空气凉下来，瓶内压强也会减小。而这时始终是大气压强的瓶外压强大于瓶内压强，于是熟鸡蛋被挤进瓶内。当然，这与热的熟鸡蛋结构松散，便于挤压也有关系。如果是块石头，瓶内外这点压强差，它承受起来脸不变色心不跳，人们就看不到任何效应了。

图 2-25

怎样能让鸡蛋重新出来？你把瓶子斜歪着拿着，用力向瓶子里吹气。如果嘴唇被瓶颈吸住，再加上一点运气，鸡蛋就会被瓶内的高压驱赶出来。

用同样的方法和方式，人们也能为香蕉剥皮。把香蕉头的皮剥开一点点后,把香蕉的白头如前面的鸡蛋一样,放置在瓶子口上。其余操作与上完全相同。

实验19 空气可以做功——空气举书

材料:气球,两三本书

把气球放在桌子上,再把一本体积不大的书放在气球上,让气球嘴在桌子边缘向下吊着。你用力吹(或者用自行车的万用打气筒打气)让气球鼓起来。书会被气球里的空气抬高,说明空气克服书本的重力做了功。

实验20 低压的产生——蜡烛助水抢占空间

材料:蜡烛残根,盘子,玻璃瓶或者直筒玻璃杯

在盘子里装点水,把燃烧的蜡烛放在里面。用玻璃瓶把蜡烛罩住。这时,瓶内会短时间地、不明显地冒气泡,说明瓶内空气跑到了瓶外,这是因为热空气的压强大,把瓶内空气往瓶外赶,同时使瓶内空气密度变小了。短时间后蜡烛燃尽,可以看到玻璃瓶内的水面上升。

瓶内空气外泄后质量减少且密度减小,空气撞击瓶子内壁和水面的分子数减小。温度高时,虽然分子数不多,但每个分子都依仗其热运动能量较大,奋力争先,照样可以维持着瓶内较高的压强。而冷却后,瓶内单个分子的运动能量也降低了,因而压强比蜡烛燃烧前降低,外面大气压强大于瓶内压强,盘子中的水就被压进瓶中。此实验与实验5(低气压)原理类似。但倒置器皿的前后温差远不如实验5。

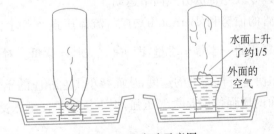

图2-26 实验示意图

这个实验操作的难点在于,蜡烛残根在水中不能烛芯向上地稳定漂浮,导致点燃的蜡烛一进入水中就倾倒且熄灭,使实验难以继续。可以借助其他工具使

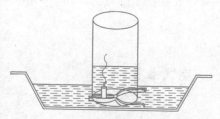

图 2-27　用工具固定蜡烛,解决蜡烛见水就灭的弊端

这一步操作变得简单易行。比如,用一个塑料衣夹夹住蜡烛残根,整个操作就会方便许多。把衣夹连同蜡烛放进水中,让蜡烛的烛芯露出水面,点燃蜡烛后,将玻璃杯倒扣在水中,并且扣住正在燃烧的蜡烛,蜡烛因缺少氧气很快会熄灭,扶住玻璃杯的手依然不动,过一会儿杯内温度降低,水就进入了玻璃杯,而且杯内水位明显高于杯外。

 实验 21 **与空气摩擦——运动阻力之来源**

材料:两张光滑的纸

把一张纸揉成一团。让光滑的和揉成团的两张纸同时从相同的高度往下落。揉成一团的纸到达地面的时间要早些。物体与运动方向垂直的面积越大,所受到的空气阻力越大。阻力越大,降落加速度越小,降落时间越长。所以光滑的纸比揉成一团的纸降落慢。

 实验 22 **伯努利原理 I ——气流速度大压强小**

1) 越吹越低的纸张

材料:两本书,一张光滑的纸

把两本书放在桌子上,相距约 15 cm,把纸放在书上。对这纸和桌子之间的空间吹气。纸却以令人吃惊的方式向下运动。

根据水平流管的伯努利(Bernoulli)方程,流体压强 p 加上流体密度 ρ 与流体速度 v 的平方之积的一半等于常量,即 $p+\dfrac{1}{2}\rho v^2 =$ 常量。对着纸张和桌面之间的空气吹气,加快了空气流动的速度,从而减小了它相应的压强。纸张下面的压强减小,而上面的压强依旧是大气压强,上下压强差使纸张受到向下的合力,它必然要向下运动。

2) 两气球相吸,却与电荷无关

材料:两个气球,线

把两个吹胀了的气球分别用线扎紧气球口相距几个厘米吊起来,对着气球之间的空间吹气或打气,两个气球会相向而动。

在高度差效应不显著的情况下,我们有伯努利方程:$p+\frac{1}{2}\rho v^2=$ 常量,公式中各量的意义见本实验 1)。当我们对着气球之间的空间吹气时,因为两气球相距只有几个厘米,属于狭窄通道,空气流在两个气球之间的速度比两气球外缘通道快。因此两气球之间的压强比两气球外侧的压强小,正是这个压强差导致两气球相向而动。

3)越吹越近的纸张

材料:两张纸

两手各执一张纸,让两张纸在你面前平行放置,向它们中间吹气,两张纸就会贴在一起。其道理与 2)完全相同。

4)越吹越不动的乒乓球

材料:干净干燥的漏斗,表面干净干燥的乒乓球

对着倒置的漏斗均匀地吹气,同时把乒乓球放在下面开口处轻轻拿住。在吹气的同时,再小心翼翼地把手放开,通过空气流,球会被漏斗抓住。

这也是因为气流通过狭窄通道时速度加快,压强减小,而乒乓球的下部仍然保持着大气压强,乒乓球上下两端的压强差托住了乒乓球不掉下来。如果你完全不了解物理,通常会认为,气流通过漏斗细管吹在乒乓球上,因为有气流的催逼,乒乓球应该比自己降落更快地掉下来,没想到气流吹得越急,即气流的速度越快,乒乓球上方的压力越小(原理同本实验 2),乒乓球反而越是紧贴漏斗大口内壁,稳居上方。简直就像玩"魔术"一样。

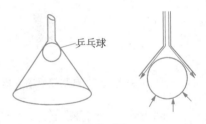

乒乓球

图 2-28

一旦吹气停止,球上下压强相等,乒乓球就会在自身重力作用下掉下来。

实际上,用嘴巴对着倒置漏斗小口吸气,乒乓球也可以因为球上下的压强差,被下方的空气顶住不掉下来。

本实验是又一个动作相反(一个吹气,一个吸气)而效果相同但原理完全不同的实验(见力学部分实验 74,吸管中空气的反推力)。可见任何事情都要看到其本质,才不会被看似混乱的现象所迷惑。

5)淘气的浴帘

材料:淋浴遮帘

在淋浴间淋浴时请注意塑料的淋浴遮帘。把淋浴水龙头的开关打开,一会儿放热水,一会儿又重新回到冷水,淋浴遮帘的行为有何不同?解释它们不同的原因。

你会发现,当帘内热气腾腾之时,因为热空气向上流速大,压强小,浴帘会向内侧收缩。而当水龙头迅速转换成冷水,浴帘内侧空气温度下降,冷空气向下流动速度减慢,浴帘内侧压强增大,会向外侧飘动。

 实验23 **快速气流制造低压——自制简易喷雾器**

材料:吸管,装有水的玻璃杯

如图2-29,在吸管1/3处,剪一个小的切口。在切口处把吸管折一下,并将较短的一头插进玻璃杯,使切口在水面之上约半厘米远处。对着吸管用力地吹气,水会在吸管中上升,来到切口处成为雾状水喷出切口。

图2-29 自制简易喷雾器示意图

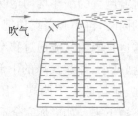

图2-30 喷雾器原理图

因为吹气,吸管断开处空气流速度加快,压强减小,玻璃杯中水面上空气的大气压强把水向上挤进了吸管,在吸管切口处,水受到嘴巴吹过来的快速气流的驱动,形成了快速运动的水流喷雾。

本实验演示的就是喷雾器的原理,从图2-30实际的喷雾器示意图明显可见。

 实验24 **奇妙的烟圈——且行且大,可灭烛焰**

材料:底部有洞的花盆,塑料薄膜,黏胶带

剪下一块较大片的合适的薄膜,用薄膜把花盆上端开口完全蒙住并借助于黏胶带固定好,使薄膜成为一个张紧的膜。在固定好张紧薄膜的最后一道工序之前,请一位吸烟者向花盆里尽量吐烟。在盆内有烟的情况下完成薄膜对花盆开口的封闭和固定。就绪之后,敲打封口的薄膜,观察薄膜对面的花盆底部洞口

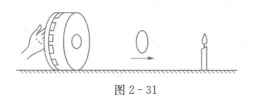

图 2-31

外有什么有趣的现象。

当然,你也可以用一个无盖的扁圆的盒子,在底部中央开一个圆洞来代替花盆(如图 2-31)。

你会看到一个烟圈从底部的洞口冒出来,一面向前移动一面扩大。如果在一定距离之外放上一支蜡烛,烟圈过后还会把它吹灭。

实际上,我们这里演示的是来源于角动量守恒的理想流体的环量守恒定律。详细的解释和推导因为超出中学知识范围,这里从略。

涡旋环绕的轴线叫做"涡线",实验中的烟圈就是一条闭合的涡线,空气像螺线管一样绕着它旋转。

实验25 空气气流Ⅰ——绕流灭烛

材料:不带商标的葡萄酒瓶子,蜡烛

把一支点燃的蜡烛放在去掉了商标的、完全光滑的瓶子后面适当的位置。我们怎样才能把这支障碍后面的蜡烛吹灭呢?我们用力地对着葡萄酒瓶子吹气就能成功。这束空气流先是分开,然后又在瓶子后面汇合,吹灭了蜡烛。

这里吹灭蜡烛的空气流叫做"绕流"。所谓"绕流"就是流体在其流动过程中遇到物体,将从物体两侧绕过并继续流动。

实验26 空气气流Ⅱ——烛焰是"吹"灭的吗?

材料:漏斗,蜡烛,万用自行车打气筒

试试通过漏斗(大开口对着蜡烛)把蜡烛吹灭。把漏斗的中心对着蜡烛,吹不灭蜡烛。相反,把漏斗的边缘对着蜡烛,蜡烛就能被吹灭了。

为了避免直接用嘴吹气可能引起的不适,你也可以用自行车打气筒的锥形气嘴,直接对着烛焰打气,你会发现蜡烛容易吹灭。现在你再把锥形气嘴插入漏斗的小口并用手捏紧。将漏斗中心对准烛焰,用打气筒打气,蜡烛不易吹灭,把漏斗边缘对着蜡烛就吹灭了。

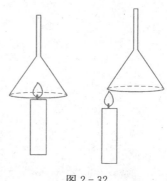

图 2-32

　　生日宴会上,往往要请寿星吹蜡烛。这个实验告诉我们,蜡烛的烛焰不是"吹"灭的。否则,为什么漏斗中心对着烛焰吹出的气流不能吹灭蜡烛呢? 实际上对着烛焰吹气是借助于气流的速度制造一个低压(见实验 22,伯努利原理 I 中的第 1)个实验,越吹越低的纸张中的公式 $p + \dfrac{1}{2}\rho v^2 = $ 常量),引诱周围大气压强的空气扑向烛焰,把烛焰压灭。虽然从漏斗中心吹出的气流也是低压,但因为漏斗大口的锥形壁阻挡了周围空气逼向烛焰,因而不易吹灭蜡烛。把烛焰置于漏斗的边缘,吹出漏斗的气流制造的低压不再阻挡周围空气奔向低压的冲动,致使烛焰易于被周围空气压灭。

二、液体力学

实验 27 **不可压缩的液体——气流帮忙,用手也能捏碎生鸡蛋**

材料:生鸡蛋

用手把生鸡蛋握住,你试试通过压力把鸡蛋捏碎,你会发现不能成功(见第一部分,力学,实验34,一个鸡蛋的强度)。对着生鸡蛋吹气,重复以上实验,很小的压力就能使蛋壳压碎。

生蛋里面的东西是可流动的液体,在生鸡蛋里液体几乎是不可压缩的。从外部施加在流体上的压力会均匀地向所有的方向分散(见实验7,空气压强Ⅰ)。其中也包括从蛋壳内部向外的方向,而这正是蛋壳破碎的软肋,就像小鸡出壳那样轻而易举。

因此,有了外部气流的帮忙,用手捏碎生鸡蛋不再困难。

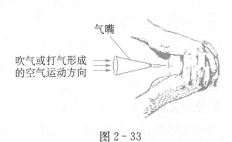

图 2-33

实验 28 **水压——压强均匀分布**

材料:橡皮管,合适的塞子

把水装进橡皮管并用塞子封住两头,然后把管子放在桌子上。在管子的任何一个地方挤压管子,人们会看到整根管子的均匀变化,因为液体承受的压力被均匀地分散到各处。

实验 29　水柱中的压力——水平面与小孔高度差决定出水速度和射程

材料：两只大小不同的空罐头盒或者直径差别尽可能大的两个透明饮水塑料瓶，黏胶带

如图 1，在每个罐头盒的下部边缘各钻一个同样大小的洞。先用黏胶带把洞封住，在两个罐头盒中装进同样高度的水。把罐头盒放在水槽旁边，剥去黏胶带。观察分别从两个洞眼流出来的水柱的粗细和射程，同时观察罐头盒中水的高度。与后面的实验 33（小孔射程大比拼）进行比较。

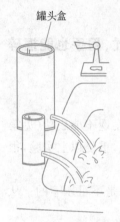

罐头盒

图 2-34　实验装置

这个实验更简便易行的做法是，为了看清楚瓶内水平面的位置，先把两个粗细不同的、透明饮水塑料瓶外侧的商标纸剥去。再用缝衣针在一个瓶的下部戳一个眼后，用钉尖对着洞眼处把洞扩大到钉子粗细，接着对与此瓶洞眼位置等高处的另外一个塑料瓶，用同样的方法戳一个相同大小的洞眼。

双手各执一瓶，都用大拇指堵住洞眼，自己或请人帮忙打开水龙头给瓶子装水至瓶颈处，注意调整两瓶的水位相同，再把两瓶水同时放在水槽旁边，放开大拇指，任水从两个瓶子的洞眼处外泄水流。

你会发现刚开始时，从两罐（瓶）小洞流出的水流的粗细、射程相同，当小或细罐（瓶）里的水面下降到比大或粗罐（瓶）明显低的时候，小或细罐（瓶）水流的射程会开始比大罐（瓶）的减小。这是为什么？水流的粗细相同源于小洞的大小形状相同，射程相同则源于两罐下部的小洞和上部的水面均等高。水面等高被打破以后，小洞的水流射程就不相同了。

用比较精确的物理语言描述如下：

如图 2-35，流体力学的机械能守恒定律得到的伯努利方程 $p + \frac{1}{2}\rho v^2 + \rho gh = $ 常量，给出了流体中同一流线上不同位置处的压强 p、沿流线方向流动的速度 v 和高差 h 之间的关系，其中 ρ 是流体密度，g 是重力加速度常数。

对一个罐或瓶，取一根从水面到小孔的流线，因为罐或瓶的横截面积比小孔大很多，水面下降的速度几乎可以视为零，

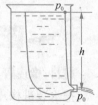

图 2-35　从水面到小孔的流线或流管

水面到小孔的高度差是 h，流线两端的压强均为大气压强 p_0，因而相关的伯努利方程为：(水面处) $p_0 + \rho g h = p_0 + \frac{1}{2}\rho v^2$；(小孔处) $\rightarrow \rho g h = \frac{1}{2}\rho v^2 \rightarrow v = \sqrt{2gh}$。

对于另外一罐或瓶，以上的计算过程和数据完全相同，因而小孔外水的流速也是 $v = \sqrt{2gh}$。又因为两罐小孔的位置等高，水流到低于洞口的任意水平面所花的时间也相同，流速相同，到达底面的时间又相同，射程自然也就相同了(见第一部分，力学中实验 9，叠加原理 Ⅰ)。

因为小罐横截面积小，盛水量小于大罐，出水量又相同，于是小罐水面下降快，会出现水平面与小孔的高差 $h_{小} < h_{大}$ 后，根据 $v = \sqrt{2gh}$ 会表现出速度的区别 $v_{小} < v_{大}$，最终导致小罐洞口出水的射程小于大罐。

注意，小罐与大罐水面下降的速度不等，并不从本质上影响前面对流出小孔的水柱流速大小的计算，因为视水面下降速度为零是水面的面积与小孔面积相比的近似，而两罐之间水面下降速度之差是两罐之间横截面积相比较的结果。事实上，从实验的演示上看，上述结论与实验相合。

 **实验30** ## 连通管——水柱高度始终相同

材料：漏斗，橡胶管，小玻璃管，木板

在橡胶管的一头插一个漏斗，另一端插一根固定在木板上的小玻璃管。现在，在漏斗里装进水，我们会看到水的高度在两边总是一样高，即使让漏斗运动也是如此。

因为两端开口处水面上的压强相等，都是大气压强。如果两端口水柱不一样高，而是有一点点的高度差 h，则水柱高的一侧比水柱低的一侧的压强要大于水柱高度差的压强 $\rho g h$，因为两端的开口是联通的，这个小小的压强差也会迫使水柱中的水流向低水柱的一侧，实现两边压强平衡、水面等高的稳定状态。

图 2-36

 实验31 ## 压强计——漏斗潜水越深，水柱显示压强越大

材料：见实验 30(连通管)，另外补充一个软管和一个小玻璃管，橡皮薄膜(气球)，橡皮筋

现在木板上的装置为由橡皮软管相连接的两个玻璃小管。在这个装置中装

有少量的染了颜色的水。

用橡皮薄膜蒙住漏斗的大开口,并用橡皮筋或者黏胶带将薄膜固定。漏斗的小开口端插进软管,软管的另一端插在木板上的装置上。压力计就完成了。

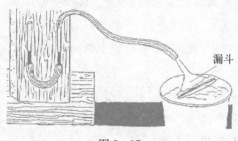

漏斗

在一个桶里装上水。把漏斗潜入水桶的不同的高度,每次都观察带色的水柱。橡皮管潜入水桶中越深,橡皮薄膜受到的压力越大,左侧开口端的带色水柱升得越高。

因为开口端带色水柱上方的压强等于大气压强,而漏斗大口处橡皮薄膜所承受的压强等于桶水面上的

图 2-37

大气压强加上漏斗上橡皮膜所在处水的压强。桶中密度为 ρ 的水在深度 h 处的压强为 $\rho g h$。h 越大,$\rho g h$ 越大,即水桶水柱给橡皮膜的压强也越大,漏斗薄膜处所承受的压强越大。开口端带色水柱受到向上的、通过橡皮管传递的漏斗薄膜处的压强,于是带色水柱水位会上升(见实验 28,水压)。

如果连通不是十分通畅,也可以仅仅采用透明 U 形玻璃弯管。

  **实验 32** **一个简单的压强计——水柱高度测量下端管口的压强**

材料:两个不同大小的玻璃器皿,墨水,透明吸管或细长玻璃管

如图 1,把两个玻璃器皿都装上水。在小的玻璃器皿里滴上几滴墨水。把吸管插入带色的水中,离底部约 2 cm 深的地方。由于吸管上端开口,带色的水会进入吸管,直到吸管内的液面与外面平齐,用手指封住吸管的上端。你可以把

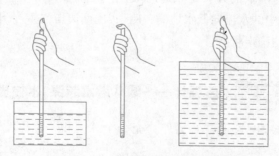

图 2-38　简单的压强计示意图

吸管拿出水面,吸管中的液面将保持不变(见实验8,空气压强Ⅱ)。当把吸管插入大的玻璃器皿后,松开封住吸管顶端的手指,观察带色的水柱。

吸管插得越深,吸管中的空气被较高水柱的压强挤压得越厉害,带色的水柱爬得越高。如此就成了一个简单的压强计。很显然,带色的水是为了让压强计的压强标记因颜色而更醒目清晰。吸管中水柱的高度越高,说明吸管下端开口处的压强越大。如果把吸管中水柱的高度与标准的压强进行校对、标记刻度,人们就可以直接从刻度上读出吸管底端的压强值。

人也可以用这套设施来演示帕斯卡(Pasca)佯谬。在大玻璃器皿外部沿水平方向贴上黏胶带作为标记。用大拇指封住玻璃管的顶端,把装有带色水的吸管潜入水中直到有标记的地方,然后(放开手指)让玻璃管的上端开口自由敞开。水从下面涌入吸管,带色水柱会上升直到吸管中的液面与外面器皿的液面等高。

现在你把吸管向一边倾斜,但是吸管底端仍然处于原来有标记的地方。当管子倾斜时,带色的水柱始终停留在与外面器皿中的水面等高的位置。从吸管上刻有的压强数值上看,由于吸管倾斜,压强数字肯定比竖直时大。这就奇怪了,下端处于同一个标记位置,压强怎么会不同呢?这就是所谓的帕斯卡佯谬。

而"佯谬"说的是,看起来错了而实际没错,是假错。比如,这里因为吸管下端管口的压强,等于器皿中水面上方的大气压强+(加)标记处到水面的垂直高度 h 的压强(ρgh)。所以竖直摆放的吸管的刻度值是对的而倾斜吸管上水面对应的刻度值显然不对。

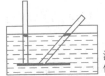

演示帕斯卡佯谬的器皿

图2-39 吸管压强计演示的帕斯卡佯谬

让倾斜的玻璃吸管回到原来的竖直的位置,玻璃管内带色水面的位置,始终与外面的水面等高,压强的刻度值也恢复了正常。

实验33 小孔射程大比拼——高不成,低不就,最佳位置是中间

材料:装咖啡或者柠檬的塑料杯子(平底无把),或装牛奶的纸盒,或透明塑料水瓶

如图1,用钉子尖在器皿侧面同一直线上不同高度处戳出相同直径的三个洞。先封住所有洞口,在器皿里装上水,安置好器皿以后,拆除洞口的封闭,使水流畅地

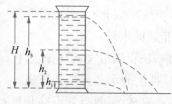

图 2-40　一条铅垂线上，不同高度的大小相同的小孔水流状况

从侧面的小洞口向下喷射。仔细观察，与洞的横截面相比较，流出来的水束有多粗。记录下结果，考虑怎样才能学会掌控被抛出来的水的射程。

仅仅通过实验想要在短时间里完全掌控水流射程的规律是不容易的，让我们先借助伯努利方程看看吧。考虑到器皿半径远大于小孔半径，各小孔间的流动可近似认为互相不受影响。于是我们把器皿上的三个水流问题分开来看，就成了与实验 29（水柱中的压力）一样的问题（见图 2-41）。

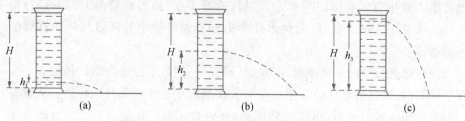

图 2-41　图 2-40 中情况可以近似地分开处理

根据伯努利方程，从小孔 $i(i = 1, 2, 3)$ 中外泄的水流的水平初速度 v_{i0}，符合方程式

$$\text{（容器水面处）} p_0 + \rho g H = p_0 + \frac{1}{2}\rho v_{i0}^2 + \rho g h_i \Rightarrow \text{（小孔处）} \frac{1}{2}\rho v_{i0}^2 \tag{1}$$

$$= \rho g(H - h_i) \Rightarrow v_{i0} = \sqrt{2g(H - h_i)}$$

小孔处的流速 v_{i0} 只与器皿中水平面与小孔的高度差 $H - h_i$ 的平方根有关，与实验 29 的结果完全相同。为了求小孔水流的射程，须先求出水流从孔口到触及器皿底部平面所需的时间，这取决于水流从孔口到器皿底面的自由落体的时间（见第一部分（力学）实验 53，引力——自己测量重力加速度）：

$$h_i = \frac{1}{2}g t_i^2 \Rightarrow t_i = \sqrt{\frac{2h_i}{g}} \tag{2}$$

在不考虑空气阻力的情况下，各孔水流的水平方向可视为以水平方向初速度 v_{i0} 运动的匀速直线运动。于是各孔水流的射程为 $s_i = v_{i0}t_i$，将（1）、（2）两式代入，给出射程

$$s_i = v_{i0}t_i = 2\sqrt{h_i(H - h_i)} \tag{3}$$

（3）式给出射程 s_i 与高度 h_i 的关系。

现在我们要求出,在什么条件下射程 s_i 取最大值? 为此,将（3）式两边取平方:

$$s_i^2 = 4Hh_i - 4h_i^2 = -(2h_i - H)^2 + H^2 \tag{4}$$

令

$$s_i^2 = y, \ x = 2h_i \tag{5}$$

于是（4）式化为抛物线函数:

$$y = -(x-H)^2 + H^2 \tag{6}$$

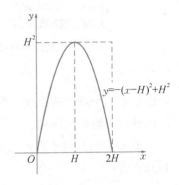

图 2-42 求射程 $y = H^2$ 最大值的函数曲线

在 xy 平面上画出这个函数曲线,是一条倒置的抛物线,当 $x = H$ 时,y 有最大值为 $y_{max} = H^2$,当 $x_1 = 0$ 和 $x_2 = 2H$ 时,$y = 0$。其 $y = y(x)$ 的函数曲线如左图。

由（5）式代换:

$x = H$,$y_{max} = H^2$ 给出,$h_i = x/2 = H/2$,

$s_{imax} = \sqrt{y_{max}} = H$,

即当 $h_i = H/2$ 时,射程 $s_i = H$ 最大。即位于中间高度位置的小孔,射程最大（见图 2-41(b) 和图 2-40）。而（3）式还给出,当 $h_i = H - h_j$ 时,即小孔位置离底面的距离 h_i 和小孔位置离器皿内水面的位置 $H - h_j$ 相等时的两种位置情况下,水流射程相等,如图 2-40 所示的 $h_1 = H - h_3$,则高度为 h_1 与 h_3 的两个小孔射程相等。

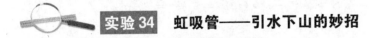 **实验34　虹吸管——引水下山的妙招**

1）材料:两个杯子或者瓶子,橡皮软管

如图 2-43,将一只装满水的瓶子放在桌子上,另外一只空的放在椅子上。现在,在软管里装满水,用手把软管的两头压紧以防空气进入。把软管的一头插入装有水的瓶子里的水中,另外一头放入空瓶子里。然后再松开软管的两端,水就会通过软管从上面的杯子流到下面的杯子里。

如果要问虹吸管下端出水的速度受哪些因素制约,在实验观察的基础上,最

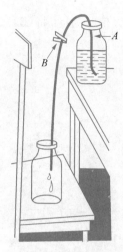

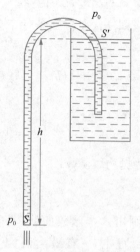

图 2 - 43　虹吸管示意图　　　图 2 - 44　分析虹吸管出水速度 v 与
　　　　　　　　　　　　　　　　　　　　高差 h 的关系图

好还是借助于理论的指导。看了如下的理论分析以后,再来做做实验检验一下,
认识就会更清晰更深刻。

　　如图 2 - 44,对于高差为 h 的从水面 S' 到虹吸管最底端水面 S 的流管,伯努
利方程为:

$$p_0 + \rho g h + \frac{1}{2}\rho(v')^2 = p_0 + \frac{1}{2}\rho v^2 \Rightarrow gh + \frac{1}{2}(v')^2 = \frac{1}{2}v^2 \text{。} \tag{1}$$

　　而根据连续性方程,大瓶里失去的水量应该等于从虹吸管底端流出来的水
量,即大瓶里水面下降的速度 v' 乘以面积 S' 等于虹吸管底面的流速 v 乘以面
积 S:

$$v'S' = vS \Rightarrow v' = \frac{vS}{S'} \Rightarrow (v')^2 = \frac{v^2 S^2}{S'^2} = \frac{S^2}{S'^2}v^2 \text{。} \tag{2}$$

　　(2)代入(1)给出: $2gh = v^2\left(1 - \dfrac{S^2}{S'^2}\right) \Rightarrow v = \left[\dfrac{2gh}{1 - \dfrac{S^2}{S'^2}}\right]^{1/2}$ 。也就是说,虹吸

管的出水速度 v 与高度差的平方根 $\sqrt{h}$ 成正比。

　　因为伯努利方程和连续性原理来自更根本的机械能守恒和质量守恒原理,
而这两个根本原理在力学中也是普遍存在的,因此流体力学中的虹吸管在力学
中也有类似。

2）材料：自行车，坏了的自行车链条，两个小桶

把自行车放在桌子上。用一个轮轴上的一个链条叶片作为滚轴，让自行车的链条在上面跑动。如图2-45，作为滚轴中心的链条叶片的平面必须竖直，并且少许越过桌面边缘向外凸出。把链条挂在这个链条叶片上，让链条的两个末端各自分别向一个桶里下落。开始时链条不动。你把两个桶同样均匀稳定地向上抬高，桶底会有较多的链条质量落下，但是在上端中间链条叶片上的及叶片两边的链条仍然停止不动。相反，如果你只抬高一个桶，则链条较长的部分因为较大的重量而向下滚动。整个链条就落在了放得较低的小桶里。

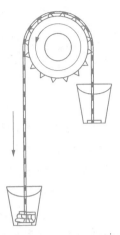

图2-45 虹吸管的力学类似示意图

 **实验35** **浮力Ⅰ——浸在液体中的物体感受到的向上的力**

材料：小瓶子，橡皮筋或者金属弹簧，装有水的盆

将装满水的小瓶绑在橡皮筋上固定好。橡皮筋会伸长。这时，让瓶子进入水中一点点，观察橡皮筋的伸长。挂在橡皮筋上的瓶子进入水中越多，则橡皮筋的伸长就越少。

因为浸在水中的重量为 mg 的小瓶子受到水给它的向上的浮力 F，抵消了瓶子的一部分重力，因而减小了橡皮筋的拉力 T。

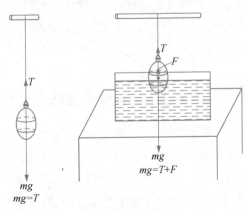

T

mg
$mg=T$

T
F

mg
$mg=T+F$

图2-46

实验36 **称一只手的重量——巧用水中所占体积相同的水的重量**

1) 材料:桶,天平,手

把装了适量水的桶放在天平上,读出质量的数字。现在把你的手伸进水中,再次读出天平的读数。读数显示变大了。两次读数的差就给出了你手质量的大概数值,因为水的密度与你的手的密度大约相同。

手伸入水中使桶中的水位升高,因为手的密度与水大约相同,这相当于在桶中加入了与手在水中所占体积相同的水,因而质量加大,且加大的量与手浸没在水中的重量大约相同。

图 2-47

图 2-48

2) 材料:直尺,橡皮,两个玻璃杯

用直尺和橡皮做一个杠杆式天平。在两个杯子中装进几乎一样多的水,把它们放在天平上。因为几乎相同的重量,天平应该只有一点点偏转。把你的一根手指,放进轻的一头的水中。可以观察到手这一边变得重了一点点,向下偏移。

实验37 **浮力 II——分子引力抵消浮力**

材料:尽可能光滑的平底器皿,尽可能光滑的平底面木头块

器皿中装上水。把木块或者塑料块浸入水中,并且确认它自己能浮上水面。现在,用手指用力把木块压在器皿的底部。如果运气好(当器皿和木块的底面足够光滑),你会看到觉得吃惊的现象:放开手之后,木块并不马上浮上水面,因为木块光滑的底面与器皿光滑的底面紧密接触之时,两个表面的分子引力向下抵消了向上的浮力。

 实验38　浮力Ⅲ——压力抵消浮力

材料:软木塞,漏斗,装有水的盆

一般情况下,一个软木塞会浮在水面上。在装有水的盆中向大口朝上的漏斗里装满水的过程中,把软木塞压在漏斗的细小排水口处。然后松开手,把漏斗大口边缘的弯柄挂在盆沿上,软木塞并不向上升起,尽管塞子下面有水压作用。直到人手使漏斗小口出口不再正好压住软木塞,软木塞下的水形成一个向上的压力,才使软木塞向上升起来。

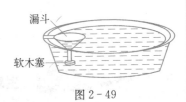

图 2 - 49

 实验39　漂浮——漂浮物体在水中排开的水量与它自身等重

材料:出自实验4(空气的质量)的天平,木块,两个密度与水相差不大的大罐头盒,一个与水密度相差不大的小的罐头盒,米粒

把大罐头盒吊在天平上,把木头块放到罐头盒里,将米粒装进另一个大罐头盒内,使天平平衡。

现在,把装有木头块的大罐头盒放在桌上,取出木块,把小罐头盒放进大罐头盒中,小心地把小罐头盒内装满水直到盒子的上边缘。这时,再让木头块慢慢地滑进水里,浮在水面上,而被木头块排开的水则越过小盒子的边缘进入到大罐头盒里。

紧接着,从大罐头盒中取出装有木头块和尚有余水在其中的小罐头盒,把装有溢出来的水的大罐头盒吊在天平上。天平的另外一边依然是装有米粒的大罐头盒,天平应该再次处于平衡状态。也就是说,一个漂浮的物体排开的水的重量与它自身重量相等。因为根据阿基米德浮力定律,漂浮物体排开水的重量的大小等于它所受的浮力,而物体能在水中处于稳定的漂浮状态,说明它所受到的重力与浮力平衡。

实验中,之所以要选择密度与水相差不大的罐头盒,主要是企图减少实验的测量误差。如果罐头盒的密度大于水很多,则天平称量水时,会显示出相关数据微不足道,天平的平衡对水的多少不敏感,必然大大影响数据的精度。

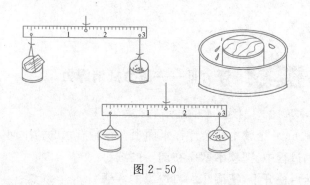

图 2-50

 实验 40 **生鸡蛋的沉与浮——与液体密度的比较是关键**

材料：新鲜的生鸡蛋，装有水的玻璃杯，食盐

把生鸡蛋轻轻地放入水中，看它是否能浮起来。你会发现，生鸡蛋慢慢地沉到水底，因为生鸡蛋的密度大于水。现在，在装有水和下沉的生鸡蛋的玻璃器皿中加进食盐，并且用勺子轻轻地搅拌水，使食盐溶化。你会发现，当溶液的浓度足够大时，蛋的密度就会小于食盐水的密度，生鸡蛋就能浮起来了。然后，你再小心地往杯子里加清水。加到一定程度，蛋又会向下沉，因为往盐水里加水，又减小了盐水的密度，当密度小于生鸡蛋时，生鸡蛋又会下沉。

新鲜的生鸡蛋
沉入干净的水中

同样的蛋会
浮在盐水上

图 2-51

 实验 41 **容易误判的木头——三棱柱木块在水中和盐水中方位不同吗？**

材料：干燥的、质地均匀的等边三棱柱杉木条或松木条，装有自来水的碗，装有盐水的碗

三棱柱木条应该 10 cm 长，横截面是一个边长为 2～3 cm 的等边三角形。因为木头很容易吸水，在做这个实验以前应该将木头条的表面涂上漆或打上蜡。

把木头放进自来水，它平面朝上浮于水面，木头在干净的自来水中吃水比在盐水中深。在自来水中，木头稳定的位置是平面朝上，如果只是一个棱线朝上，则木块的重心会升高。

如果把木头放进盐水中，情况会怎样呢？盐水的密度比水大，根据实验39（漂浮），一个浮在水中的物体排开水的重量等于漂浮物自身的重量。同样的松木块，在密度相对大一些的盐水中排开盐水的体积比在水中小，即木块在盐水中吃水会比较浅。乍看起来，好像木块会像图 2 - 52(b) 一样，平面向下地浮在盐水中，会使木块的重心更底，因而更稳。真的是这样吗？还是让我们看看比较精确的分析吧。

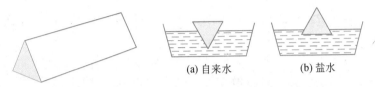

(a) 自来水   (b) 盐水

图 2 - 52　等边三棱柱木条以及它在自来水和盐水中漂浮的可能姿态

（1）先看木块重心的位置在哪里。木块的纵向结构是相同的，因而重心一定在木块最中间的横截面上。取出这个纵向平分点处的等边三角形，求出等边三角形的重心，就找到了重心在三维木块中的位置。依据三角形重心位于三条边的中线的交点，等边三角形三条边的中线、高、角平分线三者合一。

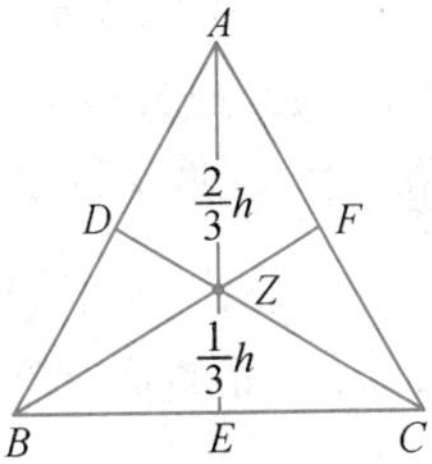

因为等边三角形三个角都等于 60°，而直角三角形中 30°角所对的边长等于斜边的一半，可知，重心 Z 把高 h 分成 $(2/3)h$ 和 $(1/3)h$ 两段（见图 2 - 53）。

图 2 - 53　等边三角形的重心 Z 所在的位置

（2）再看等边三角形棱柱的棱向下和底面向下的同面积吃水的水平线的位置，以及它们与木块重心的距离差别。木块要浮在液体中的条件是，吃水线下的木块所排开的液体体积所对应的液体重量等于木块的重量。本实验木块吃水的长度总是 10 cm，只需算出吃水的三角形的面积，乘以长度就可以计算吃水的体积。既然长度相同，我们就只看棱线向下即等边三角形顶角顶点 A 向下，和平面向下即等边三角形底边 BC 向下的两种漂浮方式中，吃水面积相同的吃水线的位置，再看吃水线与木块重心的距离，哪种方式重心低，那种方式被木块采纳的可能性就更大。

三角形的面积等于 1/2 的底边长 a 乘以高 h，即 $\left(\dfrac{1}{2}ah\right)$。等边三角形任意一条平行于底边的直线都把三角形分成两个相似的等边三角形，且两个三角形边长之比与高之比相等。将此关系代入三角形面积公式 $\left(\dfrac{1}{2}ah\right)$ 可知，相似三角

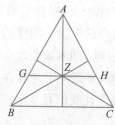

图 2-54 过重心平行于底边的横线把原三角形面积分成 $\frac{4}{9}:\frac{5}{9}$

形的面积之比等于边长或者高之比的平方。

例如图 2-54，过重心 Z 的水平线 GH 给出的上方 $\triangle AGH$ 的面积 $S = \frac{1}{2}\left(\frac{2}{3}a\right)\left(\frac{2}{3}h\right) = \frac{4}{9}\left(\frac{1}{2}ah\right)$，它是 $\triangle ABC$ 原面积的 $(2/3)^2 = 4/9$，令原 $\triangle ABC$ 的面积为 1，则下方梯形 $GHCB$ 的面积为 $1-(4/9) = 5/9$。也就是说，水平线 GZH 把原三角形 ABC 分成面积占全三角形面积 4/9 的小三角形 AGH 和面积占 5/9 的梯形 $GHCB$。注意，这里上方的三角形高 AZ 是大三角形 ABC 高的 2/3，而面积却小于下方的梯形的面积。

干松木的密度约为 0.42 g/cm^3，水的密度为 1 g/cm^3，即相同体积的干松木和水，则干松木重量是水重量的 0.42 倍。三棱柱松木要浮在水上，须有自身体积的 0.42，或者说，等边 $\triangle ABC$ 面积的 0.42 没在水中，则松木排开的水的重量就等于它自身的重量，这时松木就可以浮在水上了。

如果棱线向下，松木等边三角形浸在水中的高占总高的比例是 $\sqrt{0.42} = 0.648$，它距重心 Z 的距离是：$2/3 - 0.648 = 0.019$，如图 2-55 的左图。

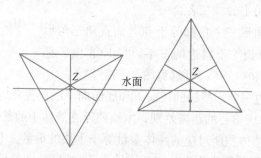

水面

图 2-55 底边向上（左图）和底边向下（右图）吃水面积为三角形面积的 0.42 的吃水线

如果底面向下，上方小三角形所占面积应该是总面积的 $1-0.42 = 0.58$，这样，木块下方的梯形才正好占总面积的 0.42。因为本例中三角形面积计算方便，而梯形面积计算麻烦一点，我们就采取总是计算三角形面积的方法，把梯形面积视为大三角形面积减小三角形面积来进行计算。当底边在下时，木块等边三角形吃水线以上的高占总高的比例是 $\sqrt{1-0.42} = \sqrt{0.58} = 0.761$，吃水线下所占的高的比例，应该是 $1-\sqrt{0.58} = 0.238$，它距上方重心 Z 的距离是

$1/3 - 0.238 = 0.095$，如图 2-55 的右图。

$0.095 > 0.019$，$0.095 - 0.019 = 0.076$，说明棱线向下的方式浮在水中时木块重心更低（如图 2-52 的 (a) 图和图 2-55 的左图）。

再看干松木浮在盐水上的情况。假设盐水的密度为 $1.5 \ \text{g/cm}^3$，考虑到食盐的密度是 $2.165 \ \text{g/cm}^3$，这已是一种很浓的盐水。三棱柱松木要浮在水上，须有自身体积的 $0.42/1.5 = 0.28$，或者说，等边 $\triangle ABC$ 面积的 0.28 没在水中。

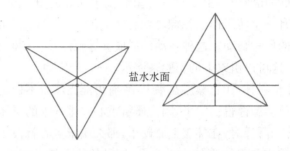

盐水水面

图 2-56　底边向上（左图）和底边向下（右图）吃水面
积为三角形面积的 0.28 的吃水线

如果棱线向下，松木等边三角形浸在水中的高占总高的比例是 $\sqrt{0.28} = 0.529$，它距重心 Z 的距离是：$2/3 - 0.529 = 0.138$。

如果底面向下，木块等边三角形吃水线上的高占总高的比例是 $\sqrt{1 - 0.28} = \sqrt{0.72} = 0.849$，吃水线下所占的高的比例，应该是 $1 - \sqrt{0.72} = 0.152$，它距上方重心 Z 的距离是 $\dfrac{1}{3} - 0.152 = 0.181$。

$0.181 > 0.138$，$0.181 - 0.138 = 0.043$，说明同样的松木漂浮在盐水中时，依然是棱线向下的方式浮在水中重心更低。虽然因为盐水密度大于水，干松木在其中的吃水深度小于在水中，两种方式浮在盐水中的重心高度差没有浮在水中的差别大，但依然是棱线向下的方式重心更低。

更多的计算表明，即使液体浓度再高，始终是棱线向下松木的重心更低。这是由松木等边三角形的形状决定的。

当然，因为干松木比重比盐水小很多，加上松木等边三棱柱的形状，以及两种不同摆放方式的重心高度差别不大，如果小心翼翼地摆放，松木平面向下、棱线朝上浮在盐水上还是有可能的。

这个实验说明，有时候直观上凭感觉的判断未必靠谱，往往还需要通过具体的理论分析和实验操作才能得出合理的判断。

实验 42　浮动的稳定性——行船不翻的物理秘诀

材料:带盖的塑料杯,装有水的碗,硬币

有两个力作用在漂浮的物体上,一个是重力,一个是浮力。重力的着力点在重心上,而浮力的着力点称作"浮心",它在物体排开的水的"形体重心"上,即物体排开水的形状的几何中心上。只有当重心位于浮心的下方时,物体才能稳定漂浮。否则,会有一个转矩作用在漂浮物体上,使物体向着稳定的位置,即重心在下、浮心在上的位置转动。这种转动的形成会导致漂浮物的倾倒,对轮船而言就是大的事故。这可以由以下的实验来演示。

用盖子盖住塑料杯,让它漂浮在水上,它有可能漂得不稳定。在杯底里放一些硬币,杯子就会漂浮得稳定了,因为质量重心在排开水的形体的几何中心点之下。如果在杯子漂浮时,在杯盖上放硬币,那么质量重心就被改变到一个较高的位置,直到最终在排开水形体中心之上,杯子的状态就会变得不稳定了,还有可能会因此而翻倒。

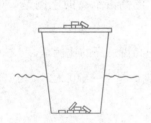

图 2-57　重心和浮心高低调
节的实验示意图

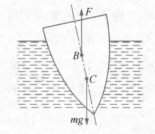

图 2-58　重心 C 在浮心 B 之下
的轮船横截面示意图

在船舶上,把货物和发动机放在底仓,就是为了降低重心 C,以满足重心 C 低于浮心 B 的稳定性条件(见图 2-58)。在帆船上,为了抵消作用在帆上的力矩,还要在船底装上很重的龙骨。

实验 43　水下燃烧的蜡烛——精心打造烛墙,保卫蜡烛燃烧如故

材料:蜡烛,钉子,一只装有水的玻璃杯或两只一次性塑料杯

把钉子插进蜡烛底部使蜡烛加重。尝试着让蜡烛依然有部分是浮在水

上的：

让蜡烛潜入水中，仅仅留下蜡烛的上边缘还露在水面之上。为此，也许你会需要使用多根钉子。

也可以用小钳子把大头钉穿过一只一次性水杯的杯底，再从蜡烛的底部钉进，让蜡烛在杯中竖直站立并固定，再把第二只杯子套在第一只杯子的外面，以防第一只杯子漏水。

点燃蜡烛后，用一只小口瓶子装水，往蜡烛所在的塑料杯子里小心翼翼地倒水，直至只剩下很小一段蜡烛在水面之上。注意观察燃烧着的蜡烛，随着蜡的消耗，烛焰会潜入水中更深。尽管蜡的比重比水轻，蜡烛并不会熄灭，因为蜡烛在烛焰周边形成了一面蜡质保护墙。

蜡烛在水下
继续燃烧

要想达到比较好的实验效果，须要注意几点：蜡烛稍粗一些为好，以保证烛焰燃烧时有足够不被冷水降温的蜡烛，也方便筑成烛墙；蜡烛必须固定在铅垂位置上，以防因蜡烛立得不正，使烛焰在燃烧过程中，蜡烛的上边缘倾斜而进水；烛芯不宜太长，且必须直立，以防烛芯弯曲着燃烧时烧坏烛墙，进水而湮灭烛火。

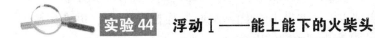

实验44　浮动Ⅰ——能上能下的火柴头

材料：透明的小口玻璃瓶子(比如一些白酒瓶)，剪刀或刀，火柴

在小瓶子里装满水，一直到水超过开口形成拱形。把火柴的头部剪或切下来，放在水上。你会发现红色的火柴头浮在水上。这时，你用拇指封住瓶口，用力往下压。当拇指压在水上时压力增加，火柴头因浮力减小而下沉到瓶底。当大拇指移开后，压力减小，火柴头又会上升。

经过一段时间，红色火柴头的火药部分在水中泡胀了，即使用拇指也不能把它压到瓶底，不小心红色火药掉到瓶底以后，即使移开拇指火药也不能浮到水上来。

本实验说明，漂浮物——火柴头的密度与水相差不多是实验成功的关键。火柴头中心的木头，密度小于水，总是浮在水上，而火柴头外面包的火药密度

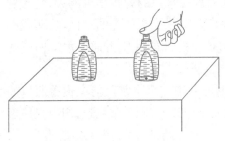

注意，红色火柴头一个在水上，一个在瓶底

图2-59

大于水,二者结合成的火柴头密度比水只小一点点,因此它可以浮在水上。因为流体中的压强与面元的取向无关,拇指对水加压后压力是各向同性的。于是火柴头的四周都受到了增加的压强、压力,使结构本来就不紧凑的火柴头体积缩小,而质量不变,于是密度稍有增加而大于水,下沉到了瓶底。拇指离开后增加的压力撤销,火柴头又恢复到原来密度稍小于水的状态,又浮上了水面。

当火柴头被水泡胀,而火药并未离开火柴头时,因体积增大,密度变得比水小得更多,就是拇指也压不下它。而离开木柴芯的火药密度大于水,则一沉水底就不再动弹。

实验45　浮动Ⅱ——临界比重可有条件升降自如

材料:小瓶子(比如有盖的塑料眼药水瓶,用剪刀把滴眼开口切成一个大开口,以便于装水),装有水的大玻璃瓶,橡皮膜,橡皮筋

在小瓶子里装进一半的水,用你的手指头把开口封住,把瓶子开口朝下潜入大玻璃瓶的水中后松手。小瓶子会向上运动。你把小瓶从大瓶中取出补充一些水,再以同样的方式把小瓶放入大瓶中观察小瓶的运动。当你看到小瓶向下运动时,就必须停止再加水了。如果小瓶子浮动对了,你把小瓶封住,并在大玻璃瓶中装满水到大瓶的边缘。

现在,在大瓶的瓶口张紧橡皮膜,用橡皮筋将其固定。用手掌小心地对膜向下施压,大瓶压力的提高会使小瓶向下沉。

这个实验与实验44(浮动Ⅰ)的原理类似,但本实验的关键是调节小瓶的比重,使它与水的比重相比较,只小一点点为最好。比如可以在眼药水瓶中加水、沙或其他东西,调节重量使其盖上瓶盖以后浮在水上,但浸没在水中的容积尽可能大,装水的大瓶要用玻璃瓶而不是塑料瓶,以减小它外壳的弹性,从而减小外加压力对其产生的影响,让手施加的外压力通过水从四面八方都施加到外壳有一定弹性的小瓶之上。

图2-60

如果因为比较大的橡皮膜不太好找,也可以用一个手掌就能全覆盖瓶口的玻璃器皿,给玻璃器皿装满满的水,小瓶勉强浮动其上,用手掌快速、用力封住瓶口,也可以使小瓶下沉,放手后小瓶上浮。

实验 46 **U 形船——潜水艇出入水面原理演示**

材料:某种开口较大的小瓶子,合适的软木塞和可塑的材料,橡皮管,橡皮筋,小石头,蜡

首先得准备 U 形船。把小石头装进小瓶子,并在上面滴上热蜡,将它们固定在瓶底,以降低设施的重心,保证 U 形船在水中始终是瓶口朝上的(见实验42,浮动的稳定性)。

现在固定橡皮管:在软木塞上钻两个孔,让两根橡皮管穿过,再用可塑的材料将其密封,其中一根橡皮管的长度必须保证使其靠近瓶底,这根橡皮管被弯成倒 U 字形,橡皮管的外部末端用橡皮筋缠绕,使其固定在瓶子上。第二根橡皮管应该只有一小段在瓶子内部瓶口处凸起。

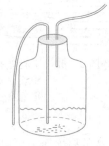

图 2-61

把这个瓶子放进装有水的桶中,用第二根橡皮管把空气从瓶子里向外抽。可以这样抽气,用嘴吸气后捏紧橡皮管口,再第二次往外吸气,第三次吸气;也可以用清洁小物品的小型吸尘器对抽气口简单地套装细管,以使其可以基本不漏气地套在第二个橡皮管口,用机器进行抽气。因空气抽走,瓶内压强大降,瓶外的水通过与瓶内连通的第一根倒 U 形橡皮管大量涌进瓶里,使整个瓶子的比重大于水而沉潜入水中。

你也可以让船浮出水面,只要你通过第二根橡皮管向瓶子里吹气或用自行车万用打气筒打气。空气大量涌入瓶中,使瓶内压强逐渐增大,把已经装入瓶中的水通过倒 U 形管排到瓶外,一旦瓶中水量少到整个瓶子的比重小于水之后,瓶子又会再次浮出水面。

威震四方的海军武器潜水艇的结构当然比本实验复杂很多,但潜水艇出入水面的原理和这个实验是相同的。

实验 47 **伯努利原理Ⅱ——通道变窄,流速反而变快,怎么回事?**

材料:末端没有堵塞块的、浇灌园地用的长橡皮管

把长橡皮管与水龙头相连,让水穿过水管流出。现在,把橡皮管的末端压扁,观察水流的速度发生了什么变化。你会发现,末端关口压扁之后,水管出水

面积变小了,但是出水速度反而变快了。如何解释这种现象?人们通常会认为,狭窄通道起阻碍作用,好像应该流速变慢。

实际上,根据流体流动中质量守恒的连续性原理,流管中流体的流速 v 与流管横截面积 S 的乘积 vS 应该等于常数,以保证流体在流管中不会断流也不会堆积,因为密度是常数 ρ 的不可压缩理想流体无黏滞性,它的流动应该是连续的。为什么通常被认为是障碍的狭窄通道,反而成快速通道了呢?那是因为流体的流动是有动力在维持的,比如本实验中水龙头的流水就是有水压在维持的。

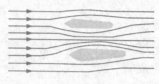

图 2-62 平行航行的两艘船靠近时会很危险

同样的道理,两艘同向行驶的船靠近时,就有相撞的危险。如图 2-62,两船在各自动力的带动下靠近,因为两船之间的通道变窄,其间的水流速度加快。根据伯努利原理,流体的压强 p、密度 ρ、流速 v 满足关系式 $p + \dfrac{1}{2}\rho v^2 = 常量$,密度 ρ 是不变的,流速 v 快,意味着压强 p 低。压强低不但表现在两船之间的水面远比两船外缘低,还表现在外缘水的巨大压力可以把两船硬挤压到一起,发生撞船灾难。

这里的物理原理与实验 22 伯努利原理 I 中 2)、3)完全相同,只不过实验 22 中的流体是空气,本实验的流体是水。

历史上这样的事故发生不止一次。例如,20 世纪初,一支法国舰队在地中海演习,勃林努斯号装甲旗舰招来一艘驱逐舰接受命令。驱逐舰高速开来,到了旗舰附近突然向它的船头方向急转弯,结果撞在旗舰船的船头上,被劈成两半。1942 年玛丽皇后号运兵船从美国开往英国,与之并行的一艘护航巡洋舰突然向左急转弯,撞在运兵船的船头上,被劈成两半。血的教训告诫我们,违背了客观规律,老天爷的教训是不讲情面的。

日常生活中,当很多人通过一个门口时,从门口的边上通过比从中间通过会更快,因为边上的人流速度在增快,如图 2-63。

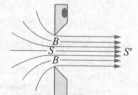

图 2-63 人流如潮过门口,靠边行走更快捷

门口边上 B 处,是人流从宽管收窄之处,相当于面积 S 从大变小 S',因而流速会增加。而人流连续流动的动力来源于谁也不愿意被踩在脚下。一旦发生踩踏事件,人流就不会再连续。

有时室外的地板砖路面上污迹难除,会有人用高压水枪对着地面冲洗。你注意观察,其实,所谓高压水枪就是与装满水的高大水桶相连通的、像玩具水枪一样的,出水口面积极小、出水流速极快的水管。而轰鸣的机器,就像玩具水枪中小孩用手推的杆,不过是对水进一步加压,促进这种流动的进行。水流之所以能除污迹是因为高速水流流到地面,水流的大动能在短时间内触碰地面下降到零,而形成的冲击力比用扫帚扫地大很多。

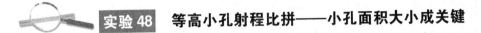

实验 48　等高小孔射程比拼——小孔面积大小成关键

材料:与实验 33(小孔射程大比拼)相同:透明塑料水瓶

实验准备与实验 33 相同,但在杯子的相同高度戳几个不同大小的洞(见图 2-64)。在透明塑料水瓶相同高度的位置,先用缝衣针戳眼,再用粗细不同的钉子把小眼扩大,戳两个不同大小的洞。然后在瓶中装满水,你会发现,小洞出水快于大洞,而且射程更远。

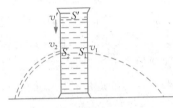

图 2-64　等高度不等面积小孔射程比赛

探究其中原因,我们可以用实验 33(小孔射程大比拼)中的理论和近似方法来分析。即考虑到器皿半径远大于小孔半径,各小孔间的流动可近似认为互相不受影响。于是我们把器皿上的两个洞的水流问题分开来应用流管的连续性原理,如图 2-65。

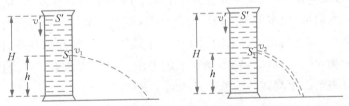

图 2-65　等高不等面积小孔射程分开处理的近似方法

对于开在瓶子同高度 h 的、截面积大(S_2)小(S_1)不同的两个洞眼,分别与横截面积为 S'、下降速率为 v' 的器皿瓶子应用连续性原理有:$S'v' = S_1 v_1$ 和 $S'v' = S_2 v_2$ 两个连续性方程。因为两小孔间的流动可近似认为互相不受影响,我们可以认为两个连续性方程的 $S'v'$ 是相同的,于是有:$S_1 v_1 = S_2 v_2$。这个式子告诉我们,面积 S_2 大,所对应的流速 v_2 小,面积 S_1 小,所对应的流速 v_1 就大。因为两个小孔高度 h 相等,从它们流出的水流在竖直方向上的运动初速为零,与自由落体问题完全相同,水从小洞口流到瓶子底面的时间也完全相同,水平速度 v_1 大的射程自然就远。

也许有读者会问,为什么要绕一个圈子才得出 $S_1v_1 = S_2v_2$,我们直接给出这个式子不是更简单吗? 实际上直接给出这个式子是有困难的,两个小孔都往外流水,却没有供水的渠道,即没有合理的流管来联系两个小孔,是不符合连续性原理的条件的。以上把两个小孔流水的问题分解的近似方法中,$S'v'$ 是供水渠道,S_1v_1 和 S_2v_2 都是出水渠道,$S'v'$ 分别与 S_1v_1 和 S_2v_2 构成如实验 29(水柱中的压力)中图 2-35 那样相同的两个流管,问题就迎刃而解了。当然,用 $S'v'$ 与 S_1v_1 和 S_2v_2 同时组成一个流管在物理上是可以的,可惜数学上比较麻烦,所以我们才采用了如上的近似方法,计算结果经实验检验是合理的。

在实验 33 和本实验的理论分析上,我们都用了拆整为零的近似方法。经过实验检验,我们的近似结论和实践相合,说明我们的近似方法抓住了问题的本质,计算大大简化,而又没有影响物理问题的实质。大概这也是为什么现实的物理现象十分复杂,而物理学科的发展却在各个领域取得了许多可定量解释的成果。合理的近似帮助我们进行简化的计算,功不可没。

 **实验49** **旋涡——制造有序,防止乱流堵塞**

材料:装有水的小口瓶子

试试尽可能快地把瓶子倒空。如果认为这个过程就是把瓶子简单地倒立过来而已,你可能就错了,这样做其实并不有利。因为水会高度乱流,堵住小小瓶口的空气进入通道,使水的流出缺少空气压力,减慢了水从瓶口流出的速度。

倒是有一个窍门:让翻过来的瓶子做几个旋转运动,使水流在外力作用下沿瓶壁有序流动,减少瓶口的堵塞,加速水流外泄。这和实验 3(空气的体积)中,在漏斗大口内壁加上旋转的棱条有异曲同工之妙。

三、热学

 实验50 　**热或者冷？——靠比较而得的温度感觉不靠谱**

材料: 3个玻璃杯,冰块,热水,常温水

人的温度感觉不是很可靠。这可以由如下的实验看出:

在三个玻璃杯里分别装上热水、冰块和与室温相同温度的水。让你两只手各伸一根手指头分别同时在热水里和冰水里保持约半分钟。然后,再把两只手指同时放入与室温同温度的水中,并根据两手指的感觉评价温水的温度。你会发现,摸冰水的手指会觉得热,而摸过热水的手指头会觉得冷,与室温水的实际情况均不相符。

 **实验51** 　**一种简单的温度计——密封空气热胀冷缩原理助水柱热高冷低**

材料: 细玻璃管,软木塞,瓶子,橡皮泥或其他柔软可塑的材料,碗,热水,冷水

把瓶里装上 1/4 温度与室温差不多的水。在软木塞上钻一个孔,将细玻璃管从孔中穿过。用橡皮泥或者粘贴材料将二者接触处密封。将软木塞盖在瓶口,细玻璃管必须能够插入水中,再把瓶子放进碗中。从外面在瓶子上方慢慢地倾倒热水并且观察细玻璃管内的水面。此时管内水柱上升了,因为瓶内的空气加热后,其分子运动动能加大,压强增大,把瓶内更多的水挤进了玻璃管中,使管中水柱上升。

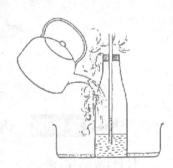

图 2-66

然后,你再用冷水浇在瓶子上。瓶内空气温度下降,空气分子热运动能量降低,压强也降低到大气压强之下,这使细管子外面的大气压强乘虚而入,把玻璃管内的水柱压下去了。这个实验用热水和冷水让瓶子内的玻璃管内的水柱快速上升或者下降,这说明设备玻璃管中水柱的高低代表了瓶内空气温度的高低。如果不用热水和冷水的方法,外界空气的冷热变化也可以改变瓶内空气温度的高低,玻璃管内的水柱就可以用来指示外界空气的温度,于是本实验装置就可以作为一个简单的温度计来利用。

 实验 52　**温度指示器——冷胀热缩的橡胶温度计**

材料:盒子,宽橡皮筋,大钉子,纸板,蜡烛

与大多数材料相反,橡胶受热时会收缩。把橡皮筋在盒子周围张紧。用纸板剪一个与盒子差不多长的箭头,在箭头的末端穿过纸板钉一颗钉子,再把钉子插入橡皮筋,这样,箭头就与盒子绑在了一起。

现在,将一根点燃的蜡烛放在 A 点附近(见图 2-67),那里的橡胶就会收缩,钉子就会有一点移动,由此箭头就会偏转。当橡皮筋冷下来时,箭头就重新回到中间位置。

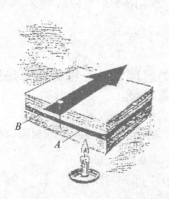

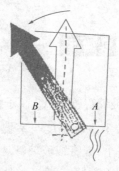

图 2-67

 实验 53　**热能——锤子的动能转变成金属板的热能**

材料:金属片,锤子

把金属片放在一个结实的底座上,用锤子多次捶打金属片上某处。在捶打前后都用手摸摸金属片。通过捶打，金属片变热了，动能转变成了热能。

请与第一部分，力学中实验 79（热能）比较一下。在实验 79 中，沙子的动能转变成自身的热能。

 实验 54 **热的传导——其能力由组成物体的材料而定**

1）材料：蜡烛，玻璃棒，木棒，长钉子

考察玻璃、木头、钢材的热传导能力。在离末端约 10 cm 处，握住各种棒，让末端保持在火焰之中。玻璃棒、木棒只是在火焰中的一端是热的，而钉子却导热良好。

大家还可以通过以下实验来很好地认识热的扩散：

2）材料：金属棒，蜡，玩具玻璃球或者硬币，蜡烛

用蜡在长方形金属棒上贴上 5 个间距均为 5 cm 的小玻璃球或者硬币。转动金属棒，并保持棒的一头位于烛焰之中。棒的温度升高，蜡被融化，小玻璃球或硬币从离烛焰近的一个开始，由近及远地逐个往下掉。

 实验 55 **控制热传导的一个窍门——手绢不怕燃着的香烟**

材料：硬币，旧手绢，小木块，蜡烛

怎样才能使一个烧红的小木块与一块手绢接触，又不烧毁手绢？把一个硬币放在手绢的中央，张紧手绢，使硬币被结结实实地包裹在手绢里，如右图。

将小木块置于烛焰中烧红。把无焰燃烧的小木块在手绢上挤压约 10 秒钟。因为硬币是一个很好的热导体，所以手绢不会被烧坏。

也可以用点着的香烟来做这个实验。

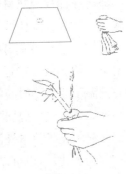

图 2-68

 实验 56 **再谈热传导——良导体带走热量，降温灭烛焰**

材料：较粗的铜或铝线，蜡烛

把金属线弯成螺旋线，再把各圈相互拉开，使其成为一个锥形。保持这个锥体位于烛焰之上，烛焰会熄灭。缺少氧气肯定不是原因，原因在于金属具有良好的热传导性能。使烛芯的温度下降到蜡的燃点温度之下，熄灭了蜡烛。

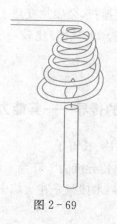

图 2-69

 实验57 **绝热——热水温度下降的快慢,考验绝热材料的性能**

材料:4只大玻璃杯,4只小玻璃杯或者瓶子,温度计,纸板,热水,报纸、锯末、软木塞等绝热材料

在每只大玻璃杯里装上一层绝缘材料,再在其中间放上小玻璃杯。在大小玻璃杯之间的空间继续用相同的绝缘材料填满。这样就能保证,小玻璃杯直到上部边缘都被绝热材料彻底包围。对其中一只小玻璃杯,你可以只放3块小的软木塞在大玻璃杯里,使空气作为绝热体。

为每个小玻璃杯剪一个纸板盖子,每个盖子上都有一个洞用来插温度计。给小玻璃杯装进接近沸腾的开水。每隔5分钟对小玻璃杯里水测量一次温度,并把温度相对于时间的图像画出来。这样,你就能探究材料的绝热性能。显然,小玻璃杯中热水温度下降越慢,说明相应的绝热材料性能越好,因为正是这些绝热材料阻止了热量外泄。

为了比较,也可以用热的良导体来实验,比如钢丝绒。

 实验58 **热容量——质量大热容量就大**

材料:粗螺杆,细钉子,两只玻璃杯,小锅,温度计,水

给锅里的水加热,把螺杆和钉子放进水里,以使它们得到相同的温度。在两只玻璃杯里装进等量的室温的水。然后将螺杆和钉子分别放入两只玻璃杯中。大约一分钟之后,测量两只玻璃杯里的水温。你会发现,装有粗螺杆的水比装有

细钉子的水的温度更高。

　　这说明一个物体的热容量与它的质量有关。质量越大,热容量越大,同温、同时的情况下,放出的热量更多。所谓热容量,是物体在某一过程中,升高或降低单位温度(比如1°)所吸收或者放出的热量。

 实验59 　**纸锅——把热量传递给水,纸盒也能当锅用**

材料:纸制的小烘烤模子,蜡烛,叉肉用的叉子

　　测试一下,当你把小模子放在烛焰上时它是否会着火。显然,纸模子应该会着火。现在,你把纸模子当锅来用。用叉子叉起小模子,小心地在里面装上水,再把模子放到烛焰上。水会热,但纸不会燃烧。这是由于水有较大的热容量。当蜡烛燃烧传递给纸的热量还远没有达到纸燃烧所需要的热量之前,纸已经有足够的时间,把自己从烛焰接受的热量源源不断地传递给装在纸锅中的水,使水温上升,甚至沸腾。

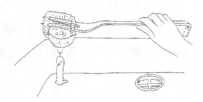

图2-70

　　如果你手边没有现成的纸模子,可以自己做一个。取一张长方形的纸,把它折叠成一个箱子形。用回形针把各个边角固定好,你就有了一个纸锅子。

 **实验60** 　**钢的燃烧——与空气接触面积大的物体,燃烧更好**

材料:钢丝绒,钢钉,蜡烛,旧叉子,铝箔

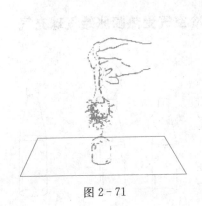

图2-71

　　把钉子放在火焰里,它会被烧得发红,但不会被烧毁。现在,你在叉子上叉上钢丝绒,轻轻地把钢丝绒分开。在桌子上垫上一张铝箔,把蜡烛放在中央。用叉子使钢丝绒停留在烛焰中,钢丝绒燃烧后会散发出火花。因为钢丝绒有较大的表面,会有更多的氧气包围钢丝绒,使钢丝绒燃烧得比钉子充分,温度升得也更高。

　　这也是为什么有易燃粉尘的车间,要特别注意防火防爆的原因。

实验 61　热空气与冷空气——谁轻谁重，称一称

材料：实验 4(空气的质量)中用的杠杆式天平，塑料杯，蜡烛

利用实验 4 中的天平，在一边吊一个开口向下的空塑料杯，使天平平衡。

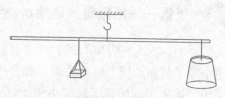

图 2-72

手执点燃的蜡烛在塑料杯的开口之下停留一小段时间。天平这一端会向上，因为热空气的密度比冷空气要小一些。

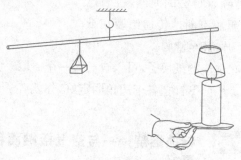

图 2-73

实验 62　空气受热膨胀——冷空气受热膨胀给气球充气

材料：空瓶子，气球，硬币

把一个空瓶子开着口放在冰箱里约 15 分钟。然后把瓶子拿出冰箱并立即套一个气球在瓶口上。过一段时间，气球就慢慢地涨起来，因为瓶子里的空气变暖而膨胀了。

你也可以用一个合适的硬币像盖子一样放在瓶子上。过一段时间，硬币会晃动，因为瓶子里空气的压力增大，想要冲破硬币的阻碍逃出瓶外。

图 2-74

还可以用手环握住瓶子,以加速瓶中的空气变暖。

 实验63 **暖空气上升——暖空气密度小,自然上浮**

材料:滑石粉,白炽灯,抹布

撒一些滑石粉在抹布上。抖动抹布,滑石粉会因重力作用而慢慢地落到地面上。在一个已经点燃一段时间的、较大功率的白炽灯下重复以上实验。现在,当你再把抹布上的滑石粉抖搂掉时,轻小的滑石粉会因受到暖空气上浮的带动,与暖空气一起向上升。

因为暖空气的分子运动更快,分子间距离加大,其密度小于冷空气,它自然要浮在冷空气之上。

冰箱里虽然都是冷空气,但仍会存在温度差别,依然是上热下冷。如果只考虑取暖效果,那么房间取暖最佳的方式应该是地暖,让热空气从地面开始温暖。挂在高高墙上的热空调,因为热空气上浮,开始时房间里是上暖下凉,只有当空气充分对流使整个房间都变暖以后,人才会感到温暖,热量利用的效率远不如地热。

 实验64 **暖流——暖空气上升,冷空气下沉**

材料:蜡烛,门

测试空气流的一个简单设施是一支蜡烛的烛焰。把一个被很好加热的房间的门打开一点点。先后在开口的上方和下方拿住蜡烛。上方烛焰离开房间向外飘出,说明暖空气从房间里涌出。下方烛焰向房间里飘进,说明冷空气从室外挤进房间。

烛焰指示暖空气流离开房间

烛焰指示冷空气流进入房间

图 2-75

实验 65 **暖气流——封闭的空气柱,温度升高压强增大**

材料:大口玻璃瓶,小玻璃杯,细长玻璃管,墨水,吸管或者细玻璃管,蜡烛或者热水

给大口瓶装满水,放在一个由书本搭起来的三脚架上,使一节小蜡烛可以放在大口瓶下面,给大口瓶加热。

在小玻璃杯中放少量的水,添加几滴墨水在其中。让细长玻璃管上端不封口,插进带色的水中,玻璃管下端会吸进墨水,玻璃管内水柱与管外带色水面等高(见实验 8,空气压强 II)。现在,把玻璃管上端用手封住从小玻璃杯中拿出。

把带色的水柱置于大口瓶的底部。用蜡烛对着大口瓶的某处加热,或者直接在大玻璃瓶中倒上暖壶里的热水(见图 2-76 右图),观察玻璃管中带色的墨水的水柱高度变化。

你会发现,封闭在玻璃管上端手指和带色墨水之间的空气柱,插进装有热水的大玻璃瓶时,玻璃管下端的带色墨水会溢出玻璃管下端,把大玻璃瓶里的热水也染了色。

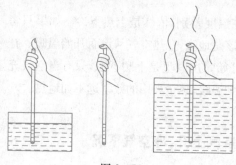

图 2-76

原因何在?封闭在手指和下端带色墨水中之间的空气柱进入热水中后温度 T 升高,空气柱中空气分子的活力大增,撞击玻璃吸管壁和两端封闭物的力度也增加,导致压强 p 增大,于是把带色的墨水挤出了玻璃管,给玻璃管周围的热水也染上了颜色。

实验 66 **冒烟的烟囱——烟往压强小、抵抗弱的地方跑**

材料:鞋盒子,两个空的厕所纸卷筒,小刀,黏胶带,蜡烛,纸

把两个纸卷筒放在鞋盒的盖子上。按住纸筒,用铅笔把纸筒底面的圆描下来。把描出的两个圆面裁剪下来,把纸筒分别插进剪出的圆孔之中,使它们像烟筒一样在盒盖上立着。用一些黏胶带从外面把纸筒固定。放一只点燃的蜡烛在一个烟囱的正下方(见图 2-77),鞋盒里就会出现一股空气流,这可以用一点点烟来说明。

把一些纸带扭一扭,用火柴或者打火机点燃纸的一端,又马上吹熄。将冒烟的纸置于下面没有蜡烛的纸筒之上。烟会被吸进烟囱与暖空气一起从另外一个烟筒升起。

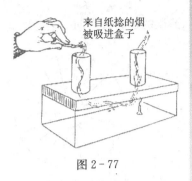

来自纸捻的烟被吸进盒子

因为鞋盒内的空气被蜡烛加热后,密度减小,从靠近蜡烛的圆筒上浮(见实验63,暖空气上升)跑出鞋盒,使鞋盒内空气密度进一步减小,压强也减小,烟自然地沿着对其抵抗力小的、压强低的通道跑出去。

图 2-77

实验67　向下燃烧的火焰——只要压强低,上下不是问题

材料:蜡烛,火柴

蜡烛的火焰显然是向上的,因为燃烧的蜡烛加热周围空气,使空气密度减小而上浮,带动烛焰向上。我们也可以让火焰向下。吹灭蜡烛,你立刻拿一根正在燃烧的火柴直接放在烛芯上方。火柴的火焰向下,而且经常又重新点燃烛焰。

这是因为刚吹灭的烛芯还保持着较高温度,使其周围的空气上浮(见实验63,暖空气上升)形成短暂的高温低压区,使火柴火焰向它扑去。

实际上烛焰和火柴火焰向上燃烧的根本原因,是火焰上方被火焰自身加热,空气上浮,形成低密度和低压强区。所以只要满足压强低,空气流就会自然流往,上下不是本质问题。实验66(冒烟的烟囱)中的烟气流不也是先往下行然后才上升,一路沿着低压开的路前行的吗?

图 2-78

实验68　自制螺旋桨——气流使其转动

材料:纸板,钉子,软木塞

我们可以利用空气流来驱动一个小螺旋桨。在一张白纸上直接复制图2-79并用固体胶水黏贴在一张薄纸板上,先沿大圆剪下一个圆片,再沿图中各发散的线条剪开成为叶片。用手指向同样的方向扭转圆纸板片的叶片,使所有螺旋桨的翅膀有点向一边弯曲。

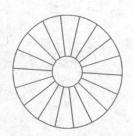
图 2−79　制作螺旋桨的
原始纸板片

图 2−80　气流带动螺旋桨旋转

　　把一根钉子插入螺旋桨的小圆的圆心,用拇指和食指捏住钉子的一头,用嘴近距离对着螺旋桨吹气,螺旋桨就会快速地转动,如图 2−80。冬夏季节把螺旋桨对着空调吹出来的气流,也可以实现同样的目标。

 **实验 69**　**固体的热传导——金属线热胀冷缩,橡皮筋冷胀热缩**

　　1) 材料:铜线,几本书,三只或四只蜡烛,重的台灯

　　用约 50 cm 长的铜线在桌子边缘拴住一个重的物体,比如台灯脚。让铜线跨越桌子,穿过一堆书向下吊着。在向下吊着的铜线末端,用重物固定,以使金属线绷紧。重物必须完全自由地悬挂。在桌腿上记下重物高度的确切位置。

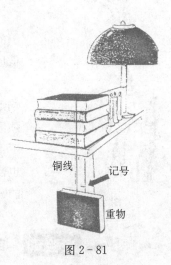

　　现在,放几根点燃的蜡烛在金属线下。重物会慢慢地下降,因为金属线受热伸长了。把蜡烛拿走,金属线又会收缩。

铜线　　记号

　　2) 材料:橡皮筋,蜡烛

重物

　　在两个椅子之间或者两个钩子之间张紧橡皮筋,使其在被轻轻拨动时能发出声音。用烛焰小心

图 2−81

地加热橡皮筋,并且继续不断地轻拨它,音调会变高,这意味着橡皮筋变短了。与大多数材料在受热时伸展不同,橡皮筋受热后的行为是收缩。

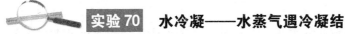

实验70　水冷凝——水蒸气遇冷凝结

材料:玻璃杯,小冰块,食品颜料或者墨水

在玻璃杯里装进冰和水,另外再加几滴食品颜料。把玻璃杯放在桌子上一段时间。在玻璃杯外面会形成小水滴,它们不可能来自玻璃杯里的冰和水,因为水滴没有颜色。这些水是空气中的水汽冷凝而成的。空气通过与冷玻璃杯接触,降低了其中的蒸汽的温度,使蒸汽在玻璃杯外表面冷凝形成水珠。

物质由气相转变成液相的过程,称为液化,它是汽化的相反过程。使蒸汽凝结成液体的方法有两种,一是降低蒸汽的温度,二是增大蒸汽的压强。如果蒸汽与液体共存,则液化一般发生在液体的表面。如果蒸汽单独存在,则液化常以凝结核为中心形成液滴。

显然,本实验的液化采用的是降低蒸汽温度的方法实现的、蒸汽单独存在的液滴凝结。其凝结核就是空气中和玻璃杯外壁的微粒。

冬天戴眼镜的人在外面寒冷的空气中行走,会使眼镜片变冷,当人戴着这样的眼镜进入温暖的房间时,室内温暖的空气中所包含的水蒸气会立刻在眼镜片上凝结成小水珠,而使戴镜人视线模糊,只有在室内把眼镜片上的小水珠擦干,才能使眼镜重新发挥作用。

地下室因为和外面进行热交换难于地面上的房屋,通常会冬暖夏凉。在南方的夏天,地下室内的地面、墙壁表面温度较低,而空气的温度较高,空气中的水蒸气遇到地面、墙面会凝结成水珠,显得地下室内格外潮湿。而在寒冷的冬天,地下室的地面、墙面温度相对于寒冷的空气而言比较高,空气中的水蒸气不会在地面、墙面凝结,显得十分干燥。因此开发商卖地下室,通常会选择时机,在秋末冬初,人们活动方便,而地下室又干燥好看。

实验71　雨——模拟雨的形成

材料:茶壶,汤勺

把茶壶里的水烧开。把汤勺放在冰箱里或者冷水里冷却,再小心地将勺擦干。保持汤勺处于从茶壶开口处出来的水蒸气之中。水蒸气会在勺上凝结。一小段时间以后,最开始的水滴就会从勺上滴落下来。一个快速成雨的模拟就实现了。

这个实验和实验70(水冷凝)的原理完全相同,只不过用开水的蒸汽代替空气中的不易看见的水蒸气，使冷凝过程来得更快，更显而易见。以实现雨的模拟。

大自然中，江河湖海中的水在太阳的照射下升高温度后，会加速蒸发到大气层中，如果大量的水蒸气在高空遇冷就会以高空各种微粒作为凝结核，凝结成水滴，少量的、小的水滴不影响高空七彩阳光的反射形成天上的白云，大量的越积越大的水滴导致高空阳光被水滴吸收多而反射少，就形成了乌云或黑云，水滴再增大，由于自身的重力作用，就会落到地上成为雨。

实验72 瓶子里的雾——增大水蒸气压强，自制凝结核造雾

材料：小口玻璃瓶，火柴，塑料软管或吸管，柔软的可塑材料，比如橡皮泥

瓶子里装上水，四周晃动玻璃瓶，让水流经瓶子的全部内表面再把水倒掉，以保证瓶内是潮湿的。点燃一根火柴后又让它熄灭，或者用打火机点燃细长的纸板条后将其熄灭，手执熄灭后带烟的火柴或纸板条放在瓶口，并尽量往瓶里伸，以此在瓶里收集一些烟。

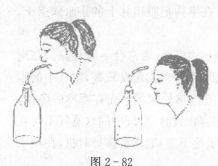

图 2 - 82

瓶里有烟后，立刻给瓶子插上软管，并用柔软的可塑材料封闭瓶口。握紧软管和封闭材料用力向瓶里吹气，然后嘴巴离开软管让瓶内的空气再次外逃。瓶里会有成团的烟雾形成。这里，烟的微粒形成了水蒸气的凝结核。

也可以用下凹的紧口塑料瓶塞封闭小口玻璃瓶口，用钉子在瓶塞平面中心戳一个小洞，将吸管硬挤进这个小洞，以实现吸管和瓶盖间的密封。让吸管部分伸入瓶内，部分留在瓶外。将自行车万用打气筒的细锥状进气口插入吸管在瓶外的端口，往吸管内打气。注意打气时间不必太长，以防瓶内压强过大，把瓶塞弹开。打完气，拔掉打气筒和锥状进气嘴，瓶内就会有烟雾出现。

本实验通过用嘴吹气或者用打气筒打气的方式，增加瓶内水蒸气压强的方法（见实验70，水冷凝中介绍的水冷凝的两种方法），利用烟尘作为凝结核，促使瓶内气体快速凝结成小水滴，形成瓶内白茫茫的一片雾气。

人工造雾的成功，可以帮助我们理解大自然中雾形成的原因。

实验 73　水的密度——与温度相关,4摄氏度时密度最大

材料:一次性透明塑料杯,食品颜料或者墨水

通常人们都认为水是热胀冷缩的。其实水的密度与温度有关,这能从以下的实验观察到:实验中,请每次都把水装满到杯子的边缘,而且用几滴食品颜料给水上点颜色。

(1)水在淋浴房中被加热。水会膨胀而溢出水杯。

(2)水若具有室温。在冰箱中,它会凝结。水的最大密度是在约4℃之时。也就是说,4℃的水沉得最低,使鱼儿能够在冰下生存,活动。电视上,东北地区冬天捕鱼的方法就是,先用尖镐在厚厚的冰层上凿一个窟窿,把网伸到冰窟窿下面4℃的水下,就会网上来大批的、鲜活的鱼儿。

(3)一满杯水用一张纸牌盖着,放在冰柜里。水会膨胀,挤压而抬高纸牌。因为冰的密度小于水,结冰后体积会增大。

(4)在装有水的杯子里扔进冰块,冰块会浮在水上,因为冰的密度小于水。

实验 74　热水、冷水——热水膨胀

材料:两个牛奶瓶或者两个同样的玻璃瓶,食品颜料或者墨水,纸牌

在一个瓶子里装上冷水,另外一个瓶子里装上热水。用几滴墨水或者食品颜料给热水染上颜色。在冷水瓶上放上纸牌,快速地将装冷水的瓶子倒过来放在另外一个装热水的瓶口上。再把两瓶之间的纸牌抽掉,热水会向上升。这点,人可以从热水的颜色上观察到。

见实验62(空气受热膨胀)和这里有异曲同工之妙,因为空气和水都是流体。

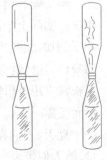

图2-83

实验 75　水蒸发——与水液化相反的过程

材料:两只相同的玻璃杯,薄膜

在两只玻璃杯中加进一样多的水。一只玻璃杯用薄膜或者盖子盖上,另一只则保持开口。第二天再比较两只玻璃杯中水的高度。开口的玻璃杯中的水被

蒸发到周围空间里去了,液面明显低于另外一只加盖的同样的玻璃杯。

蒸发是液体汽化的一种形式,它是在任何温度下,在液体表面发生的汽化现象。液体分子可以从液面离开,气相分子也可以返回液面,蒸发实际上是同一时间内从液面离开的分子数多于由液面外进入液面的分子数。影响蒸发的主要因素有:①液面面积越大,蒸发越快;②温度越高,蒸发越快;③液面上方通风越好,分子重新返回液体的机会越小,蒸发越快。

本实验中,开口杯中的水蒸发得比封口的快,就符合上述的第三条。

 实验 76　蒸发致冷——蒸发需要消耗热量

材料:棉花球,细线,温度计,香水,橡皮筋

把棉花球用线捆扎在温度计的球上,读取温度计的温度。用香水把棉花球完全浸湿,再度观察温度。过一段时间,温度就下降了,因为香水蒸发需要能量,它就从周围环境中抽走了热量,导致温度计温度下降。

从微观上看,蒸发就是液体分子从液面离开的过程。分子离开液面时,需要克服表面层中其他液体分子的引力而做功,所以只有热运动动能较大的分子才能脱离液面。如果没有外界补充能量,蒸发就会从周围环境吸收热量,其结果就是使液体周围温度下降。

本实验利用香水的蒸发,主要是因为香水挥发性好,蒸发速度快,实验效果明显。实际上生活中蒸发的例子随处可见。

例如,天热或剧烈运动后,人们就会出汗。汗水蒸发需要的热量来自出汗人的身体,这样就会使身体凉爽一些,以保护身体不要过热而受伤。小孩出汗后,家长常常用毛巾给小孩吸汗,也是怕小孩体弱,汗液蒸发拿走孩子身上过多的热量而受凉。

夏天,人们喜欢在地上泼凉水,也是为了让凉水蒸发时吸收周围环境的热量,给人们带来一点凉爽。

……

 实验 77　沸腾——压强降低,沸点降低

材料:婴儿用小玻璃瓶,冰块,微波炉

瓶里装半瓶水,开着口放进微波炉里。水烧开后,再继续烧半分钟,让瓶内水面上的空气充分受热而跑到瓶外,且瓶内空气温度升高。

戴上绝热手套,打开微波炉,立刻小心地把小玻璃瓶口封住。再把小玻璃瓶小心地取出来。当小瓶里的水不再沸腾冒泡时,放一冰块在瓶盖上,水又会再次沸腾。注意,这个实验存在使小玻璃瓶爆裂的危险。

图 2-84

沸腾是在一定的压强下,将液体加热到某一温度时,液体内部和器壁上涌现出大量的气泡,整个液体上下翻滚,进行的一种激烈的汽化过程。此时的温度,就是液体在此压强下的沸点。在沸腾的过程中,液体虽然不断吸收能量,但温度保持不变。液体沸腾的条件是饱和蒸汽压与外界施加于液体的压强相等。满足这个条件时,液体内部的气泡才会不断长大并浮出液面。

沸腾和蒸发虽然是汽化的不同形式,但从相变机制看,它们没有本质区别,都是在气液分界处以蒸发形式进行的。所以,可以把沸腾看作在液体内部的气泡界面上进行的蒸发过程。

沸点是液体发生沸腾时的温度。同一种液体在不同压强下具有不同的沸点。比如,西藏的高原地区,因为海拔高,大气压强低,水的沸点就比100℃低不少。

本试验中,瓶中的水在微波炉中沸腾时,因为瓶口无盖,大量的水蒸气携带空气逃到瓶外,使瓶内空气密度大大减小,为制造瓶内空气的低气压创造了基础条件。根据理想气体的查理定律,一定质量、一定体积的空气压强 p 与温度 T 成正比。当瓶子取出微波炉后,因立刻加盖,使液面之上、瓶盖之下的空气质量和体积锁定为确定值。瓶子离开微波炉不久,原本 100℃时沸腾的水,因温度降低刚要停止沸腾。此时瓶盖上突然加了一块冰,使瓶内空气温度下降的同时,压强因瓶内空气已经稀薄而相对瓶外空气中的大气压强下降得更多,瓶内低压强导致水的低沸点,正在降低的温度碰上这个低沸点,水就会再次沸腾。

因为沸腾是在液体内部和器壁上的小气泡周围进行的汽化过程,这些小气泡起着汽化中心的作用,称为汽化核。如果液体内部缺少汽化核,那么加热到沸点的液体也不会沸腾,而是继续升温成为过热液体。当过热液体继续加热,沸腾会骤然而剧烈地发生,这种现象称为暴沸。这是因为过热液体内部的涨落现象,有的分子具有足够高的能量,可以彼此推开而形成极小的气泡。当过热液体的温度远高于沸点时,这些极小气泡内的饱和蒸汽压会高于外界的压强,气泡会迅速长大。同时,饱和蒸气压的迅速上升,又使气泡剧烈膨胀,于是就发生了暴沸。锅炉中的水,如果消耗量小,经多次沸腾后,就会缺少汽化核成为过热水,进而发生暴沸,引起锅炉爆炸。为了避免锅炉水暴沸,可在锅炉中加入一些溶有空气的、有许多汽化核的新水或孔洞中充满空气、因而有许多汽化核的无釉陶块,人为供给汽化核。

 实验 78 **冰山——鉴别两种方法的优劣**

材料:碗,一次性塑料水杯,水,冰箱

冰浮在水上是因为它的密度比水小。但冰水的密度差别很小,因此一个冰山约有 7/8 在水下。

用一只塑料杯装水放进冰箱冷冻,让水结冰,你也可以制造冰山。请先思考,下面所提供的两种方法,谁优谁劣?再用实验检验你的思考是否正确。

第一种方法:

(1)取冰方法:把少量暖水浇在杯子上,可以使冰块脱离杯子。在碗里或水槽内装进水,让冰块浮在水上,如图 2-85。

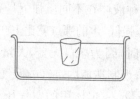

在船上,你看不到所有的冰山

图 2-85

(2)带子取冰:不用手触摸,用一根带子把冰块取出来。在冰的表面撒盐,把带子的一端埋在盐里。盐会使冰融化,因为盐水的融化温度比纯水低。过了一段时间,因为盐水的稀释度变大,融化了的冰水又会冻结。这样,带子的一端也会冻结,您就可以把附在带子上的冰块取出来了。

围绕着带子在冰上撒盐

图 2-86　　图 2-87　当冰再度冻结,就能抓住带子的一端

第二种方法：

（1）取冰方法：把满杯水都被冻成冰的塑料杯全部浸在常温的冷水中，过一会儿，整杯的冰都可以拿出来。拿出来的冰放在碗中的水里，会有 7/8 在水下，1/8 在水上，以如下图最稳定的姿态浸没在水中，因为冰的密度比水小得不多。

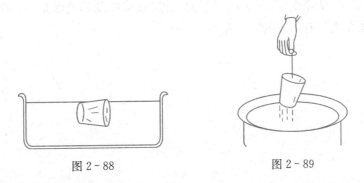

图 2 - 88   图 2 - 89

（2）带子取冰：将棉制的带子的一端，直接放在装满水的塑料杯里，另外一端置于杯外。再把装有水和带子的塑料杯放进冰箱冷冻，一天一夜之后取出杯子，则带子也被冻在杯中的水里。把整杯的冰水放进常温水中浸泡至杯里的冰块脱离塑料杯。则冰块也可以用带子吊起来。

经实验后，你会发现，第一种方法不靠谱。

（1）暖水浇在杯子的冰面上，没有改变杯内壁与冰冻在一起的事实，整杯的冰是取不出来的。

第二种方法中整杯冰被取出来放在水中的姿态，应该是躺倒的而不是站立的，因为前者重心更低。

（2）加盐化冰为水，埋进带子的方法也不靠谱。因为带子不可能埋得很深，否则要加很多盐，大大降低了结冰的温度，高浓度的盐水冰不如纯水冰结实。即使将带子埋入了冰里，因为冰层浅且结实度不够，一拿带子，带子就会脱离冰层。

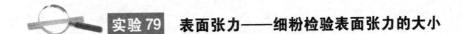

实验79 表面张力——细粉检验表面张力的大小

材料：玻璃碗，磨细的胡椒粉，洗涤剂

在碗中装上水，然后在水的表面撒一些胡椒粉，你会发现胡椒粉几乎均匀地分布在水面上不靠近边缘的地方。现在，在水表面的中心处滴一滴洗涤剂。胡椒的细粒会突然向边缘运动，全部贴在了水面与碗内壁交界的弧形边缘处。这是因为水表面的张力减小了。这种情况和一张固定的、张紧的膜，把中心的张力减小相似,比如在膜的中心戳一个洞的情况,中心张力减小,边缘的张力相对于中心而言,会比较大。

在由分子组成的液体中,水的表面张力比较大。这与水的比热和汽化热比较大的原因是一样的,都是因为液态水中保留了相当数量的氢键。若加表面活性剂,如肥皂、洗涤剂,破坏表面层里的氢键,就可降低其表面张力。例如,肥皂液的表面张力只有纯水的1/3左右。

第三部分　振动和波

一、振动和波

 实验 1 **振动——产生振动的多种方式**

材料:弹簧,小重物,线,U形管,球或者玩具玻璃弹子,圆盘,大重物

我们可以用多种方式来演示振动:

（1）在固定的弹簧下吊个小重物,拉动重物向下后,放手(弹簧摆)。

（2）把线的一端固定,将一重物固定在线的另一端,让重物把线拉直,用手把重物抬高后放手,它会随着线的摆动而摆动(线摆)。

（3）把水装进两端开口的U形管,通过对一端开口短暂地"吹气"可以激发另外一端的振动(振动的水柱)。

（4）让一个小球在一个半径确定、边缘稍高的圆盘中,以确定的角速度旋转。这就导致小球从圆盘直径的一端向另一端的振动。小球旋转一圈 $360° = 2\pi$ 为一个周期。

（5）把一个大重物吊在一根金属线下,人们可以转动重物使金属线扭曲,再停止转动重物,重物牵动金属线来回扭曲振动,形成一个扭摆。

 实验 2 **记录振动——把时间流逝定位成纸上的一条直线**

材料:纸杯,线,棒,大张纸(比如报纸),沙

在杯子的底面和边缘钻上小孔,用线把杯子的边缘吊起来。把线绑在一根棍子上,形成一个V字形(见图3-1)。把棍子两端搭在两个椅背上。现在,在杯子下面铺上一张纸,再往杯子里装沙子。轻轻推动杯子,使其振动。在杯子振动期间,沿着与杯子摆动垂直的方向,以均匀的速度拉动纸张,这相当于把时间流逝定位成纸上的一条直线。作为其轨迹,摆就会在纸上留下一

条正弦曲线,如图 3-2。杯子的这种振动方式称为"简谐振动",而杯子则称为"单摆"。

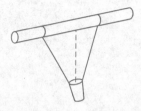

图 3-1 拉线成 V 字形的单摆

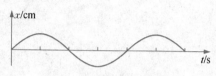

图 3-2 单摆振动的轨迹

单摆的这种振动特征可以用正弦函数或者余弦函数来描述,比如:$x = \sin(\omega t + \alpha)$ 其中 x 表示摆锤偏离平衡位置的位移,ω 表示圆频率,它只与摆动体系的摆长 l 有关。其物理意义是单位时间里所做的完全振动的次数 f 的 2π 倍,即 $\omega = 2\pi f$。公式中的 t 是时间,α 为振动的初始位相。

在杯中装进不同数量的沙子,用一个钟来测量各自的周期 T,即杯子完成一次全振动所花费的时间。你会发现,尽管杯中所装沙子的重量不同,却并不影响杯子简谐振动的周期。

也可以变化摆线的长度 l 来测量周期。结果发现,摆长 l 越长,杯子摆动一个周期需要的时间 T 也越长。

更精确的公式推导和测量显示,单摆摆动周期 T 的大小为 $T = 2\pi\sqrt{\dfrac{l}{g}}$ 其中 l 是摆长,指的是从拴线的棍子到整个体系的重心的直线距离(如图 3-1 中的虚线所示),g 是重力加速度。

 实验3 **圆锥摆——摆锤悬线轨迹为圆锥面的摆**

材料:和实验 2(记录振动)相同

改变吊摆,使摆锤可以在所有方向上摆动(见图 3-3)。推动摆锤,观察它留下的图案。在这个实验中,大张的报纸应该平放在摆的下方。因为这时单摆的摆锤,即装有沙子的纸杯在水平面做圆周运动,而悬线和摆锤的轨迹为一圆锥面(见图 3-4),所以这种摆叫做"圆锥摆"。

若圆周半径很小,即圆锥的顶角小,圆锥摆的周期和单摆周期公式(见实验 2 记录振动)相同。

图 3-3　圆锥摆装置　　　　图 3-4　圆锥摆的摆动

 一个天平的摆动——小扰动也能破坏平衡

材料:直尺做的天平,一块橡皮和一把剃须刀,黏胶带

这个实验中的天平必须同时有合适的敏感度和稳定度。剃须刀作为轴,插入橡皮中固定。直尺置于剃须刀之上处于平衡状态。直尺应该尽可能有一个凹槽以免滑落,你可以在直尺下面贴上黏胶带,使剃须刀在两块黏胶带之间的凹槽中插入立住。如图 3-5 所示。

图 3-5

现在,轻轻地、稍稍压低天平的一边,再放开天平。天平会在这个轻微的扰动下实现摆动。

这与我们在使用杠杆式天平时所遇到的情况相同。即使天平两端砝码相等,也不是马上就能平衡。因为天平的灵敏度高,小扰动都有可能破坏其平衡状态,而抚平扰动也需要有时间。

 李萨如图——变化多端的两个垂直方向振动的合成

图 3-6　演示两个垂直方向上,不同频率振动合成的摆装置

人们也可以将前面的实验 2(记录振动)和实验 3(圆锥摆)扩展,按图 3-6 所示的方式把摆吊起来,做一个沙漏单摆。

推动下面的摆锤,可以使它的摆动成为沿两个垂直方向、不同的频率振动的叠加。而由此产生的图案会比较复杂,但也有可能构成稳定的合成图像——李萨如(Lissajous)图。

具体的分析如下(见图 3-7):

一、振动和波

141

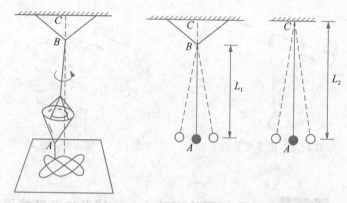

图 3-7 两个垂直方向上的不同频率振动合成的摆长 L_1、L_2

当沙漏单摆左右摆动时,摆长为 $AB = L_1$,前后摆动时摆长为 $AC = L_2$。一般说来,在互相垂直的分振动频率不同的条件下,合振动的轨迹不能形成稳定的图案。但是如果两个分振动频率成整数比,则合成振动的轨迹为稳定的曲线,称为李萨如图。而且摆锤的运动是周期性的。曲线的花样和分振动的频率比、初位相有关。

调节 L_1 和 L_2 的长度比例,可以确定分振动周期 T_1 和 T_2 的比例关系(见实验 2,记录振动)。根据频率 f 的定义:单位时间完全振动的次数,有 $f = 1/T \Rightarrow Tf = 1$,可以得到周期 T 与圆频率 $\omega = 2\pi f$ 的关系式:$T \cdot \omega = T \cdot 2\pi f = 2\pi$,由此可以知道分振动圆频率 ω_1 和 ω_2 的比例关系。如果周期或者频率调节得当,就可以得到相应的李萨如图。

设 $x = A_1\cos(\omega_1 t + \alpha_1)$,沿 x 方向振动的振幅为 A_1,圆频率为 ω_1,初位相是 α_1,周期为 T_x;$y = A_2\cos(\omega_2 t + \alpha_2)$,沿 y 方向振动的振幅为 A_2,圆频率为 ω_2,初位相是 α_2,周期为 T_y。这两个垂直方向振动的合成,所形成的稳定的李萨如图的条件和图案花样如表 3-1。

表 3-1　垂直振动周期比 $\dfrac{T_x}{T_y}$,初位相 α_1、α_2 和相应的李萨如图样表

$\dfrac{T_x}{T_y} = \dfrac{1}{2}$			
	$\alpha_1 = 0$　$\alpha_2 = -\dfrac{\pi}{2}$	$\alpha_1 = -\dfrac{\pi}{2}$　$\alpha_2 = -\dfrac{\pi}{2}$	$\alpha_1 = 0$　$\alpha_2 = 0$

$\dfrac{T_x}{T_y} = \dfrac{1}{3}$	$\alpha_1 = 0$ $\alpha_2 = 0$	$\alpha_1 = 0$ $\alpha_2 = -\dfrac{\pi}{2}$	$\alpha_1 = -\dfrac{\pi}{2}$ $\alpha_2 = -\dfrac{\pi}{2}$
$\dfrac{T_x}{T_y} = \dfrac{2}{3}$	$\alpha_1 = \dfrac{\pi}{2}$ $\alpha_2 = 0$	$\alpha_1 = 0$ $\alpha_2 = -\dfrac{\pi}{2}$	$\alpha_1 = 0$ $\alpha_2 = 0$
$\dfrac{T_x}{T_y} = \dfrac{3}{4}$	$\alpha_1 = \pi$ $\alpha_2 = 0$	$\alpha_1 = -\dfrac{\pi}{2}$ $\alpha_2 = -\dfrac{\pi}{2}$	$\alpha_1 = 0$ $\alpha_2 = 0$

上表中黑点表示摆锤在起始时间 $t = 0$ 时的位置，箭头表示自该点的运动方向。

另外一方面，由于图形花样与分振动频率比有关系，也可以通过李萨如图的花样来判断两分振动的频率比，通过频率比可以由已知频率测量未知频率。数字频率计未被广泛应用之前，这在电学测量技术中占有重要地位，可以达到很高的精度。

实验6 耦合摆——耦合松紧带，摆动主次的和事佬

材料：1 m 长的衣物上用的松紧带，线，两个小重物（比如螺母），两把椅子

在两个椅背间张开松紧带，用两条大约 40 cm 长的线分别连接两个重物，在松紧带上相距约 30 cm 的两点将连接重物的线的另一头系牢。使一个重物下垂

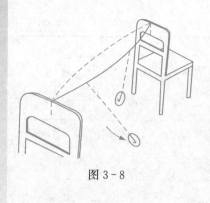

图 3-8

不动,另外一个倾斜后放开,任其摆动,观察实验现象。如图 3-8 所示。

你会发现,因为松紧带的耦合,在第一个摆摆动不久,另外一个摆也会摆动起来。而这个后摆动起来的摆又会通过松紧带把自身的摆动耦合给第一个摆。随着摆动时间的推移,两个摆动一会儿我快你慢,一会儿我慢你快,已经分不出二者的摆动到底是谁带动谁。或者说谁是带动另外一个摆的主动摆,谁是被带动而跟着摆动的被动摆。因此我们说,用于摆耦合的松紧带充当了二摆主次的和事佬。好像松紧带在说:"你们争主嫌次,有意义吗?"

简谐振动函数——时间坐标小变化,实验记录意义大清晰

材料:弹簧摆

如图 3-9 把弹簧固定好,形成一个弹簧振子:让金属弹簧所连接的物体在其静止位置 O 附近左右摆动。物体所受的力为 $F = -kx$,即物体受到的弹力 F 与它相对于平衡位置(O 点)的位移 x 成正比,比例系数 k 称为劲度系数。弹力 F 与位移 x 的方向相反,所以有一个负号(—)。比如图 3-9 中的(b)图,弹簧的伸长方向向右($O \rightarrow R$),弹力 F 的方向向左,力图把伸长的弹簧拉回平衡位置。而图 3-9 中的(c)图,弹簧的伸长方向向左($C \rightarrow O$),弹力 F 的方向向右,力图把被压缩的弹簧伸回平衡位置。

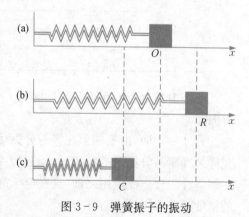

图 3-9　弹簧振子的振动

记录开始的几次摆动时,弹簧的伸长 x 与时间 t,建立实验中弹簧的伸长 x 与时间 t 二者之间的函数关系。比如,时间为零时,弹簧处于平衡位置 O 点,记录下经过多长时间(假设经过的时间 $t = 2\,\mathrm{s}$)弹簧达到最大伸长位置 R,以及此时伸长的长度 $OR = A$。取横坐标为时间轴 t,纵坐标为位移轴 x,则坐标点(2,

A)就是我们要找的第一个最大伸长量 A 和时间 t 的关系,用圆滑的曲线连接两个坐标点$(0,0)$和$(2,A)$就得到从开始到第一次伸长量最大的这一段时间内的弹簧位移和时间的关系。其余的点我们可以照此得到。最后得到如图 3-10 中(a)的图像。

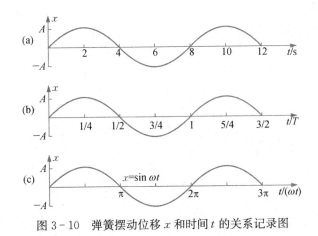

图 3-10　弹簧摆动位移 x 和时间 t 的关系记录图

　　图 3-10 中的三个图描述的是同样的弹簧左右振动的位移 x 和时间 t 之间的关系。其中 A 是弹簧振子的最大位移,称作振幅。三个图的唯一区别在于横坐标的度量单位有所不同。图(a)中,横轴时间 t 的度量单位是真正的时间单位秒。振动的一个周期费时 8 s。图(b)中,时间单位用的是周期 T(弹簧振子的一个全振动所用的时间,称为周期),即以 $T=8$ s 为一个单位。原先 8 s 的位置是 1 个周期 T,4 s 的位置是半个周期($1T/2$),……。

　　图(c)中的时间单位换成了角频率 ω 乘以时间 t,即 ωt。其中角频率 $\omega=2\pi/T$ 相当于单位时间内振动走过的位相(见实验 1,振动(4))乘以 t,得到的 ωt 就是在时间 t 时,振动所走过的位相。将时间坐标转换成了对应的位相坐标的最大优点是,可以使振子的振动曲线转化成标准的三角(正弦)曲线,即 $x=A\sin(\omega t+\alpha)$,表达式中的 α 是 $t=0$ 的初始时刻振子的初始位相,本例中 $\alpha=0$。

　　与单摆周期(见实验 2,记录振动)的表达式 $T=2\pi\sqrt{\dfrac{l}{g}}$ 类似,弹簧振子的摆动周期为 $T=2\pi\sqrt{\dfrac{m}{k}}$,其中 m 是弹簧振子的质量,k 为弹簧振子的劲度系数,只与弹簧本身的材料、形状、大小相关。根据 ω 与 T 的关系得知 $\omega=\sqrt{\dfrac{k}{m}}$。

实验8 长而软的绳子——横波演示与表达

材料:长而软的绳子一根

如图3-11,把绳子的一端固定,用手拿住绳子的另外一端,使其沿水平方向张紧。抖动这根柔软的绳,绳上各点沿竖直方向摆动,而波沿水平方向传播,绳上各点振动方向和波传播方向垂直。

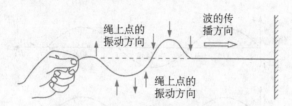

图3-11 手驱动的长软绳的简谐波示意图

这种介质中各点的振动沿垂直方向,波的传播沿水平方向,二者相互垂直的波称作横波。因为绳子介质中单个点的振动是简谐振动,即每个点都按照余弦(或正弦)规律运动,所以这样的横波被称为简谐波。

某一时刻,各点沿竖直的 y 方向振动,波沿水平的 x 方向传播,因为涉及的数学知识较少,我们可以试着找出这种简谐波的传播规律,以便用数学语言来准确地描述它,更深刻地理解它,也便于今后进一步的探究。

为了简单,我们选坐标原点 $x=0$ 处的点作为计时起点(即 $t=0$ 的时刻),这个 $x=0$ 处的点的运动规律是驱动力(手)所驱动的简谐振动,令 A 为该点振动的振幅,ω 为圆频率,$x=0$ 处点的运动规律可以写成

$$y = A\cos \omega t, \tag{1}$$

即 $x=0$ 处的点的振动位移 y 为最大振幅 A($y=A$)时,取为 $t=0$ 的开始时刻。也就是说,$t=0$ 时振动还没有传播($x=0$),但 $x=0$ 处的点的振动位移 y 为最大振幅 A($y=A$)。

这里的驱动力手,既是 $x=0$ 处点简谐振动的驱动力,也是从 $x=0$ 处向外传播的简谐波的驱动力。不考虑空气阻力,A 和 ω 应该是整列波、所有点的振幅和圆频率。经过时间 $t=x/v$(x 是经过时间 t,$x=0$ 的振动状态传到的位置,v 是点振动状态 y 的传播速度或者说是波的传播速度,简称波速),$t=0$ 且 $x=0$ 处的振动状态 y 传到 x 处。

波动的特点是振动状态 y 的传播,体元的振动状态在驱动力的驱动下,一边向前传播,一边也继续着自身的简谐振动,因而沿波的传播方向传出去的振动状态和它自身的振动状态相比是有位相落后的。振动状态的传播实际上是位相的传播,所以波速也称为相速。

既然 t 时刻,位于 x 处的点,其振动状态 y 是 $x = 0$ 处在 $t = 0$ 时的振动状态,而从 t 时刻往回看,$t = 0$ 时刻应该是 t 时刻减去波动到达 x 处所花的时间 x/v,即 $t - x/v$。于是我们有沿 x 正方向传播的简谐波函数为:

$$y = A\cos[\omega(t - x/v)] = A\cos\left(\omega t - \frac{\omega}{v}x\right) = A\cos(\omega t - kx),$$

其中 $k = \omega/v = \dfrac{2\pi f}{\lambda/T} = \dfrac{2\pi}{\lambda} \cdot fT = \dfrac{2\pi}{\lambda}$(速度 v 等于波长 λ 除以周期 T,圆频率 $\omega = 2\pi/T$,而 $fT = 1$,见实验 5(李萨如图),于是有 $\omega = 2\pi f$),k 称为波数,即单位长度所对应的位相(注意与实验 7,简谐振动函数中的劲度系数 k 相区别)。即

$$y = A\cos(\omega t - kx), \tag{2}$$

为沿 x 轴正方向传播的简谐波函数。对于沿 $-x$ 方向或者沿 x 轴负方向传播的简谐波,则 t 时刻和 $t = 0$ 时刻的差为 $t - (-x/v) = t + x/v$,其余推导与上面均相同,由此我们可得沿 x 负方向传播的简谐波函数为:

$$y = A\cos(\omega t + kx)。 \tag{3}$$

下面,我们继续讨论(2)式的物理含义。

注意,简谐波函数中的 y 表示 t 时刻在位置 x 处的点相对于平衡位置($y = 0$)的位移值 y 的大小。它有两个自变量,时间 t 和点位置坐标 x。

如果研究介质中一个确定的位置 $x = x_0$ 处的点的振动状态 y,则(2)式只是时间 t 的函数:

$$y = A\cos(\omega t - kx_0), \tag{4}$$

式中 $-kx_0$ 可视为 $x = x_0$ 处点振动的初位相。当 $\omega t = kx_0$ 时,即 $t = \dfrac{k}{\omega}x_0 = \dfrac{\frac{2\pi}{\lambda}}{2\pi f}x_0 = \dfrac{1}{\lambda f}x_0 = \dfrac{x_0}{v}$ 时,点的位移 $y = A\cos 0° = A$ 是 $y > 0$ 方向的最大值,如图 3-13 所示。找到了振幅最大值的位置,就可以作出表达式(4)的函数图像如

图 3 - 12。

如果研究某特定时刻 $t = t_0$ 时的简谐波动函数,则(2)式只是坐标 x 的函数,表示在特定的 $t = t_0$ 时刻,介质中各个不同的点的位移 y 的分布曲线,叫作波形图。即

$$y = A\cos(\omega t_0 - kx) \tag{5}$$

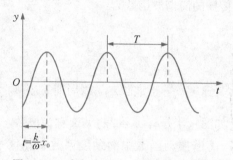

图 3 - 12　确定的 $x = x_0$ 位置上的点的振
　　　　　动状态随时间变化曲线

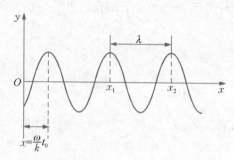

图 3 - 13　确定的 $t = t_0$ 时刻,绳子介质上
　　　　　所有点的位移分布曲线

这时 y 是 x 的余弦函数。当 $\omega t_0 - kx = 0$ 时,即 $x = \dfrac{\omega}{k}t_0 = vt_0$ 时,y 取正的最大值。找到了(5)式最大值的位置,就可以作出(5)式所表达的函数图形如图 3 - 13。

随着时间的推移,图 3 - 13 的波形图像会沿着传播方向(这里是 x 轴的正向)移动,因此这种波称为行波。

注意,图 3 - 12 和图 3 - 13 两图虽然曲线形式非常相似,但物理意义却完全不同。当然,二图的联系还是有的,比如,简谐波在一个周期 T 的时间内,传播的距离是一个波长 λ,波长 λ 除以周期 T 等于波的传播速度 v,即 $\lambda/T = v$。

还需要说明的是,图 3 - 13 中的曲线不但能用曲线上纵坐标 y 的数值给出绳上各点的位移,还可以设想,假如我们取 x 轴和 y 轴的尺度与实验中绳子上横波相应的真实尺度相同,则曲线上各点的位置正好反映绳上各点的真实位置。

而对于纵波而言,由于相当于绳的媒质上各点振动的方向和波传播的方向相同(见实验 9,长而软的弹簧),均沿着 Ox 轴的正方向,虽然图 3 - 13 中曲线上的纵坐标 y 的值仍能从数量上表示媒质上各点沿 x 轴方向离开其自然状态下所处平衡位置的位移,但曲线上的各点不再能代表媒质上各点的真实位置。不过,我们依然能从像图 3 - 13 这样的波形图中很容易地找到纵波传播时,绳上各点

相应的瞬时位置来。具体描述可以见实验9（长而软的螺旋弹簧）。

 实验9 **长而软的螺旋弹簧——纵波演示及表达**

材料：长而软的螺旋弹簧，比如一个拉伸开的玩具"弹簧跳"

将一个长而软的螺旋弹簧稍做拉伸，使其纵轴平行于桌面，平放在桌子上或者地上，给弹簧的螺旋沿轴的方向一个突然的重击。你会怎样对由此产生的波命名呢？

这种介质中各点振动的方向与波传播的方向平行的波称作纵波。空气中的声波是典型的纵波，在本实验中的弹簧中传播的波也是一种纵波。让我们通过图3-15来具体理解纵波的传播过程。

图中每一个小方块可以视为体元，相互以弹簧相连。为了方便理解，我们以波的四分之

图3-14 "弹簧跳"是一种螺旋弹簧玩具，如果把它放在楼梯上，它会在重力和惯性的共同作用下，沿着台阶不断地伸展复原，自动下楼梯

一周期$\left(\dfrac{T}{4}\right)$作为时间间隔，沿着(a)、(b)、…、(f)的纵向排列作为时间坐标，考察波所传过的四分之一波长的距离。沿着数字1，2，3，…，13或者14的横向排列作为空间坐标x。注意，图3-15显示，四分之一波长是包括4个体元间隔

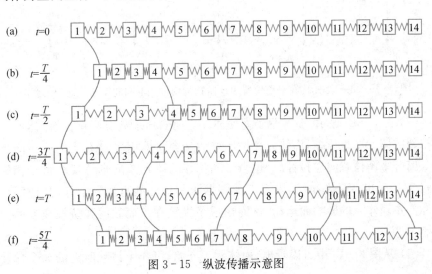

图3-15 纵波传播示意图

中的 3 个小弹簧(如(a))中的自然伸展长度。

最初($t = 0$ 时)体元处于平衡位置,弹簧自然伸展,如图 3-15 中的(a)。

来自振源的驱动力,会使体元 1 离开平衡位置,向右移动。从此开始了纵波在长而软的弹簧中的传播。这种纵波的传播有如下几个特点:

(1) 每个体元沿弹簧轴向的纵向移动位移 x 都是时间 t 的周期性的三角函数。即 $x = A\sin(\omega t + \alpha)$,其中 α 是体元周期性振动开始时的初位相。这点通过图 3-16 中第一列,体元 1 的纵向连线看得非常明显。因为每个体元的运动规律都与体元 1 完全相同,唯一的差别只在初位相 α。如果时间 t 的单位是 ωt (见实验 7,简谐振动函数,图 3-10 中(c)),则有图 3-16 中第一列体元 1 的初位相 $\alpha_1 = 0$,第二列体元 4 的初位相 $\alpha_4 = \pi/2$,第三列体元 7 的初位相 $\alpha_7 = \pi$,第四列体元 10 的 $\alpha_{10} = 3\pi/2$,第五列体元 13 的 $\alpha_{13} = 2\pi$……

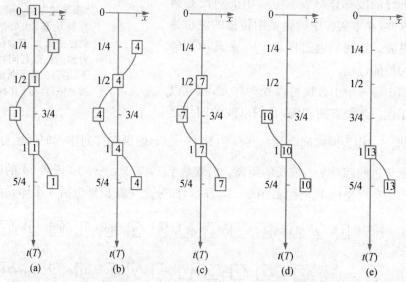

图 3-16　每个体元均在平衡位置附近做初位相可能不同的简谐振动的示意图

(2) 图 3-15 显示,振源驱动力使体元 1 向右压缩离开平衡位置,体元 1 会使相邻的体元 2 也压缩,而体元 2 被压缩后又会压缩相邻的体元 3,……而当体元 1 离开平衡位置向左拉伸时,也会带动相邻的体元 2 拉伸,2 又会带动相邻的体元 3,……也就是说,除了体元 1 受到振源驱动力的直接影响外,其他每个体元都受左侧体元的影响而运动,从而形成了纵波在长而软的弹簧轴线上的向右传播。

(3) 从图 3-15 中可以看出,由体元 1 开始,每 4 个体元所夹的 3 个弹簧为

1/4 波长,1 到 4 是在第一个 (1/4)T 的时间内传播的 1/4 波长,4 传到 7 是在 (1/4)T 到 (1/2)T 时间内传播的第二个 1/4 波长,7 传到 10 是在 (1/2)T 到 (3/4)T 时间内传播的第三个 1/4 波长,10 传到 13 是在 (3/4)T 到 T 的时间内传播的第四个 1/4 波长。而 1 传到 13 是在一个周期 T 的时间内传播的一个波长 λ 的长度。

这里特别要提醒的是,每个 1/4 波长的长度都是以图 3-17 中 (a) 图的平衡位置为参考的。从自然伸展的平衡位置 1 到 4 的长度、4 到 7 的长度、7 到 10 的长度、10 到 13 的长度等都是 1/4 的波长长度。它们都是经过 $T/4$ 长的时间波传播的距离。纵波波长的值是一个确定的长度,不会因为体元的压缩和伸长而变化。

图 3-17 中粗框长方块是这些 1/4 波长,在 1/4 周期时间里,由左向右传播中的状态。这些状态中,作为 1/4 波长中最后一个体元的 4,7,10,13,用粗线与 (a) 图中相应的平衡位置相连接,保持在平衡位置的最后一个瞬间。另外一些体元均处于压缩或拉伸的体元振动中的状态。如果我们作图的时间间隔取得小于 $\frac{1}{4}T$,我们也可以找到更小的波长间隔在传播中的状态。比如 $\frac{1}{8}T$ 的时间间隔中,$\frac{1}{8}\lambda$ 的波长间隔。

其实,图 3-17 的纵波传播中,弹簧纵轴方向上任意的 1/4 波长的长度,在传播过程中的状态均可以找到。比如细线长方块画的就是从 2 到 5,传播到 5 到 8,再传播到 8 到 11,再到 11 到 14。

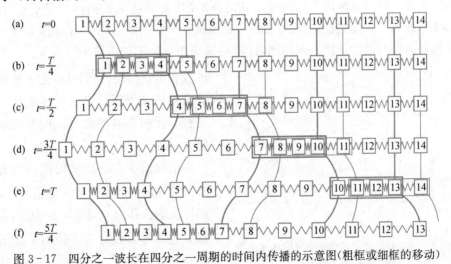

图 3-17　四分之一波长在四分之一周期的时间内传播的示意图(粗框或细框的移动)

如果用手抖动,使软而长的螺旋弹簧偏离其原来的轴向,沿与轴向垂直的方向振动。这个振动也会沿轴向传播,这会给出一个什么样的波呢? 显然,因为其体元振动方向和波的传播方向垂直,所以是横波(见实验 8,长而软的绳子)。

图 3-18 为以 $T/8$ 的时间间隔的两个图,再一起看一看纵波和横波的不同特点。

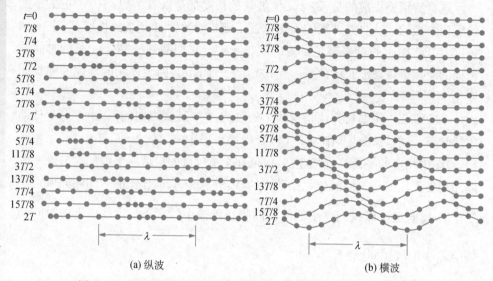

(a) 纵波　　　　　　　　(b) 横波

图 3-18　纵波和横波比较示意图(波长 λ 为 9 个体元点,8 个间隔)

作为简谐波的横波,因为各体元的振动方向和波的传播方向垂直,某一时刻的波形图可以直接画出正弦或者余弦的波形图(见实验 8,长而软的绳子)。而对于纵波而言,虽然波形图也可以画成正弦或者余弦的图形,但由于纵波各体元的振动方向与波的传播方向相同,这样的波形图远远不如横波来得直观。细心

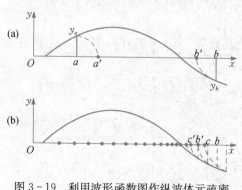

图 3-19　利用波形函数图作纵波体元疏密分布图的方法示意

的读者也许会问,我们可以把正弦或者余弦的波形图转换成纵波的体元疏密有度的直观的波形图吗? 答案是肯定的。

根据图 3-19 的波形图的物理意义可知,(a)图中平衡位置在 $x = a$ 的体元的位移为 y_a,因为 y_a 为正,若以 a 为圆心,以 y_a 为半径朝 x 正方向画圆交 x 轴于 a' 点,则 a' 点为平衡

位置在 $x = a$ 处的体元发生位移后的位置。同理,可以画出平衡位置在 b 点处,所对应的位移为 y_b 的实际位移在 x 轴上的具体位置 b',因为 y_b 是负值,所以 b' 点应该在以 b 点为圆心,以 y_b 的长度为半径,沿着 x 轴的负方向画圆后与 x 轴的交点上。

图 3-19 中的(b)图显示了纵波体元疏密相间的分布。在作纵波体元疏密分布图时,要注意两点:第一点,正弦或者余弦图上与 x 轴的交点上的体元即节点,因为 $y = 0$,它们的位移也应该为 0,说明 $y = 0$ 的体元处于平衡位置,沿 x 轴的纵向位移为零,体元在 y 轴上原地不动。两相邻节点之间的体元,虽有疏密分布,但各体元在 x 轴上的左右关系是不变的,即不可能出现平衡位置上某体元右边的点,经过位移后跑到左边去了,反之,原来左边的点,也不可能跑到右边去。第二点,为了保证第一点的实现,在我们的正弦或余弦波形图中,x 和 y 的比例关系应该与实际纵波的比例关系大致相似。比如,如图 3-20 那样,纵波的振幅 $BD = OA$ 在图形上的表示过大,大到大于四分之一波长 BC,即 $BD > BC$,就可能使 D 点的纵波位移点 D' 越过体元节点 C 而违背第一点规则,使两个相邻节点 O 和 C 之间的点 B,跑到节点 C 之外的 D' 点,明显与纵波的实际不符。

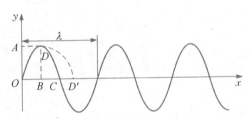

图 3-20 按横波方式表达的纵波,如果表达不当,有可能不能还原成图 3-18(a)的疏密波

本实验中图 3-18 中的(a)图,可以理解成按图 3-19 的方法做出来的。

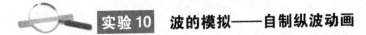

实验 10　波的模拟——自制纵波动画

材料:图 3-21 和图 3-22,大头钉,纸板,硬纸板或者木板

把图 3-21 和图 3-22 从本书上直接复印或扫描后打印下来,用固体胶水把二图贴在一张纸板片上,再沿着图 3-21 最外边环的外侧把图 3-21 剪下来,可以得到一个圆片。再沿着图 3-22 的外沿把图 3-22 也剪下来,图 3-22 中间的小长条剪去,就可以得到一个有细长裂口的纸条。

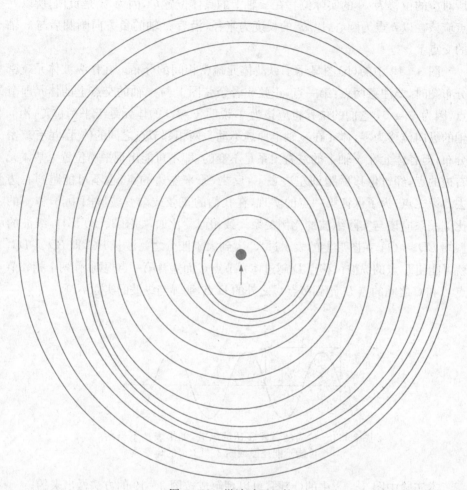

图 3-21　纵波动画组件 1

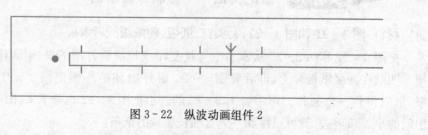

图 3-22　纵波动画组件 2

先把圆形图片 3-21 上标记有黑点的地方用大头钉钉在一块硬纸板上或者木板上(木板上可以先用钉子钉一个短于大头钉的眼,再把钉子拔出来,在钉眼的位置钉上大头钉)。钉眼在木板或者硬纸板上的位置,最好能让图 3-21 的圆纸板片一侧超过木板或者硬纸板的边缘,以便于人手借此位置推动圆纸板片的外缘,转动图 3-21。当这些准备就绪后,用手单独旋转图 3-21,观察其上线条的运动情况。你会发现,在图 3-21 旋转的过程中,线条相对密集的部分,会从大头钉所处的中心位置开始,连续逐步地沿圆的半径方向向外移动,直到圆片的边缘。这和图 3-21 静止状态时,相对密集的线条分布区域看上去像是呈螺旋线似地向圆片边缘扩张相一致。

现在,再把图 3-22 纸条上的黑点与图 3-21 上的中心黑点相重合,让图 3-22 在图 3-21 的上面,用大头钉在两个黑点的位置,把图 3-21 和图 3-22 一起钉在一块硬纸板上或者在木板上。用一只手在图 3-22 远离黑点的一端压住纸条图 3-22,另外一只手旋转图 3-21 的圆纸片。眼睛盯住纸条上的缝隙,注意观察纸板条上的缝隙里出现了什么?

你会发现,图 3-22 的裂缝里出现的是更明显的密集条纹区域,从大头钉和黑点所在的中心位置,连续向外移动,一直移动到远离黑点和大头钉的远端边缘,消失后又会有新的密集条纹从中心开始外移,就像是连绵不断的纵波在运动。与实验 9(长而软的螺旋弹簧)中的纵波部分的图 3-15 中,在时间 $t = T/4$ 时,方框中被压缩的体元是 1,2,3,4,到 $t = T/2$ 时,这种压缩状态传到了体元 4,5,6,7,到 $t = 3T/4$ 时,传到了体元 7,8,9,10,而到了时间 $t = T$ 时,传到了体元 10,11,12,13,…的情况类似。

解释观察到的现象。分析造成这种现象的原因,明显是因为图 3-23 中复制的图 3-21 中的密纹分布。这种分布是从黑点为圆心的最小的圆周开始的、许多个圆心不重合的、类似圆形的闭合曲线,造成图 3-23 的整个圆面上线条的非均匀分布。而这种非均匀分布的特点是,相对较为密集的若干线条,看上去像是沿着螺旋线似地由中心向边缘弥散。(见图 3-23 小框从 1,2,3,…,8 的走向。注意,相邻的小框中至少有一条圆周线条同属于两个小框,以实现相邻小框中线条的首尾

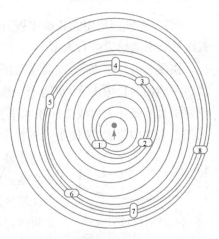

图 3-23 同图 3-21,从 1 到 8 的小方框显示密纹线的分布类似于螺旋线

相接。)

当这种密集线条的弥散集中在图 3－22 的一条缝中来表现，就显示出来类似长而软的螺旋弹簧所形成的弹簧轴向纵波的特点。

实验 11 **叠加原理——两把梳子演示冻结波及它们的苏醒**

取两把梳齿间距不相同的梳子，一把放在另一把的后面，让两把梳子梳齿向下、相平行地拿在手里，放在你眼前。人脸面对着一扇窗口或者晚上灯光的方向，稍微眯着眼睛看过去。你会看到黑的和亮的区域。亮的是两个梳齿间隙重叠的地方。或多或少黑的是一把梳子的间隙被另一把的梳齿遮住的地方。想象一下，间隙代表波峰，梳齿是波谷。你几乎可以说是对着两列波长不同的冻结了的波看过去。很亮的位置意味着两列波在该位置上的振动位相相同，而黑的位置表示两列波在这个位置上或多或少位相不相同。

沿着一把梳子的纵向，运动另外一把。能清晰地看到，黑的和亮的区域布局的移动，尽管它并不与运动梳子的速度相关。交换移动的和不移动的梳子，注意黑和亮的区域运动的方向。你会发现，两把梳子重叠后的梳齿和梳缝，共同构成的明暗相间的区域，其移动方向总是与梳齿较密的梳子的移动方向相同。梳齿较密的梳子，就好像是冻结波的苏醒剂。

实验 12 **驻波 I ——弦的一维驻波**

材料：浇灌园地用的长橡皮管，或者用于衣物上的比较硬的松紧带（比如横截面是圆形的松紧带），木棍

在两个窗户架之间，或者在两把椅子背上的横条间，分别系上硬松紧带或者浇灌园地用的长橡皮管，使这个一维介质处于一个合适的张弛度。比如让绳子或管子自然张开大致成为一条水平直线，却没有用到多少介质的弹性张力作为支撑。人站的位置，要便于观看整个实验的场景。

让另一个人，或者你自己用约 1 m 长的木棍（比如废拖把的把）在介质的中间用力一击。注意观察，干扰发生之后会出现什么现象。你会发现，木棍打击介质时，只要力度合适，介质因为两端被固定，就像一根弦线一样，常会形成如图 3－24 的简单驻波。即两端是实验中人为固定不动的节点，松紧带在两固定点

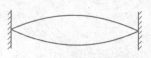

图 3－24　较轻的合适力度给出松紧带的简单驻波示意图

之间,呈如图 3-24 中弧形线的上半部分,因其上下振动而形成图 3-24 的样子。这种上下振动会持续好一阵子,直到因损耗而逐渐归于平静,即归于原始的自然伸展的水平直线状态。

打击弦的合适力度越大,驻波的波长越短,或者说弦线上的节点越多。弦线上的驻波在实验中表现出动态的形式如图 3-25。

图 3-25 较重的合适力度给出松紧带的多节点驻波示意图

即除了两端的固定点之外,中间还有若干虽无束缚,却也固定不动的节点,节点之间的松紧带,呈如图 3-25 的弧形,上下振动一段时间,直到因损耗而归于不动。

以上两图是实验中肉眼看到的驻波表现形式。而驻波的本质到底是什么呢?如果我们认识了驻波的本质,我们就能更深刻地认识它、感觉它。现在人们已经知道,驻波实际上是两列振幅 A 相同、频率 f 相同,但传播方向相反的简谐波相干叠加的结果。

如图 3-26 所示,从(a)到(e)以八分之一周期 $\frac{1}{8}T$ 为时间间隔,画出了向右传播的虚线波和向左传播的实线波位移 $y_右 + y_左 = y$ 叠加合成的粗实线驻波随时间的变化图。

如何看出虚线是向右传播的简谐波呢?根据实验 8(长而软的绳子)我们知道,波是振动状态的传播。我们可以从振动状态的传播方向,来确定波的传播方向。比如,请盯住第二个 N 波节直线 l,你会发现在(c)图中 $t = T/4$ 时,虚线波与 l 线的交点的 y 值处于负的最大值,恰好是图(a)中 $t = 0$ 时刻 l 线往左 $\lambda/4$ 处的虚线波的 y 值。因为对于简谐波而言,它在一个周期 T 的时间内传播的距离是一个波长 λ(见实验 8,长而软的绳子),四分之一周期($T/4$)传播的距离应该正好是四分之一波长($\lambda/4$),这说明,(c)图上虚线波的振动状态 y 是从该波的左边传播过来的,所以虚线波是向右传播的波。同理,(c)图中 $t = T/4$ 时,实线波与 l 线的交点的 y 值处于正的最大值,恰好是图(a)中 $t = 0$ 时刻 l 线往右 $\lambda/4$ 处的实线波的 y 值。这说明,(c)图上实线波的振动状态 y 是从该波的右边传播过来的。所以实线波是向左传播的波。当然,你也可以多盯几条竖线,在其他的时间点的振动状态 y 的值,看它来自何处,以更多的证据确认波的传播方向。

再看图 3-26 中的粗实线,盯住任意两个波节 N 之间的粗实线,看它们随

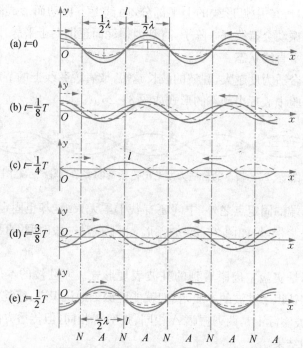

图3-26　频率相同、振幅相同,传播方向相反的两列简谐波叠加形成的驻波随时间变化的曲线---→代表向右传播的波,←—代表向左传播的波。粗实线为两列波叠加的驻波。N 表示驻波波节,A 表示驻波波腹。T 为 x 轴上任意一点振动的周期

时间的变化。你会发现,这些变化与图 3-24 和图 3-25 的弧线上下振动的示意是一致的。这也说明,图 3-24 的两条弧线和图 3-25 的两条实线包络线与图 3-26 的 $t = 0$ 和 $t = T/2$ 的位移 y 值最大的合成驻波粗实线相一致,而图 3-25 中包络线内部的虚线则与图 3-26 中 $t = T/8$,$t = T/4$,$t = 3T/4$ 时位移 y 值较小的合成驻波粗实线相对应。

因为只涉及余弦函数的和化乘积形式的相关知识,我们还可以从数学角度更深刻地考察具备振幅 A 相同,频率 f 相同,但传播方向相反这三个条件的两列波:

$$\begin{cases} y_1(x,\ t) = A\cos(\omega t - kx), & \text{沿} +x \text{方向传播的简谐波} \\ y_2(x,\ t) = A\cos(\omega t + kx), & \text{沿} -x \text{方向传播的简谐波} \end{cases}$$

(见实验 8,长而软的绳子)其中 ω 是圆频率,$k = \dfrac{2\pi}{\lambda}$ 是波数。

利用余弦函数的和化积公式：$\cos\alpha + \cos\beta = 2\cos\dfrac{\alpha+\beta}{2}\cos\dfrac{\alpha-\beta}{2}$，这两列波叠加的结果为 $y(x,\,t) = y_1(x,\,t) + y_2(x,\,t) = 2A\cos kx\cos\omega t$，将 $k = \dfrac{2\pi}{\lambda}$ 代入得到

$$y(x,\,t) = \left(2A\cos\dfrac{2\pi}{\lambda}x\right)\cos\omega t\,, \tag{1}$$

（1）式中因子 $\cos\omega t$，表明驻波中各个 x 值确定的体元的位移均按余弦规律随时间变化，即各点都以相同的圆频率 ω 做简谐振动。（1）式中前面因子的绝对值 $\left|2A\cos\dfrac{2\pi}{\lambda}x\right|$ 表明驻波介质（如松紧带）上各个体元的振幅大小不同，称为振幅因子，它随着介质的 x 坐标做周期性变化。

对于 $x = 0,\,\pm\dfrac{\lambda}{2},\,\pm\lambda,\,\pm\dfrac{3}{2}\lambda,\,\cdots$ 即

$$x = \pm\dfrac{n}{2}\lambda\,(n = 0,\,1,\,2,\,3,\,\cdots), \tag{2}$$

有 $\dfrac{2\pi}{\lambda}x = \dfrac{2\pi}{\lambda}\left(\pm\dfrac{n}{2}\lambda\right) = \pm n\pi$，可知（1）式驻波介质中各体元的振幅 $\left|2A\cos\dfrac{2\pi}{\lambda}x\right| = |2A\cos(\pm n\pi)| = 2A$ 是最大的振幅，称为驻波的波腹。

而位于 $x = \pm\dfrac{1}{4}\lambda,\,\pm\dfrac{3}{4}\lambda,\,\pm\dfrac{5}{4}\lambda,\,\cdots$ 即

$$x = \pm(2n+1)\dfrac{\lambda}{4},\,(n = 0,\,1,\,2,\,3,\,\cdots) \tag{3}$$

的各体元驻波的振幅等于 $\left|2A\cos\dfrac{2\pi}{\lambda}x\right| = \left|2A\cos\left(\pm(2n+1)\dfrac{\pi}{2}\right)\right| = 0$ 是最小振幅，称为驻波波节。

从（2）式可知，相邻两波腹之间的距离为

$$\left(\pm\dfrac{n+1}{2}\lambda\right) - \left(\pm\dfrac{n}{2}\lambda\right) = \pm\dfrac{\lambda}{2} \tag{4}$$

即相邻两波腹之间的距离为半个波长 $\lambda/2$。

从（3）式可知，相邻两波节之间的距离为

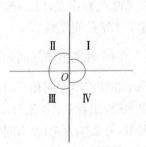

图 3-27 相邻波节间振幅因子相位相差一个 π 示意图

$$\left\{\pm\left[2(n+1)+1\right]\frac{\lambda}{4}\right\}-\left\{\pm\left[2n+1\right]\frac{\lambda}{4}\right\}$$

$$=\left\{\pm\left[2n+2+1\right]\frac{\lambda}{4}\right\}-\left\{\pm\left[2n+1\right]\frac{\lambda}{4}\right\}=\pm\frac{\lambda}{2} \qquad (5)$$

即相邻两波节之间的距离也为半个波长。

从(2)式和(3)式可知,相邻的波节与波腹之间的距离为

$$\left[\pm(2n+1)\frac{\lambda}{4}\right]-\left[\pm\frac{n}{2}\lambda\right]=\pm\frac{\lambda}{4} \qquad (6)$$

即相邻的波节与波腹的距离为四分之一波长。

现在我们来探讨驻波各 x 点振动的振幅因子 $\left|2A\cos\frac{2\pi}{\lambda}x\right|$ 中的相位关系。也就是说看看相邻波节即 $2A\cos\frac{2\pi}{\lambda}x=0$ 的各点之间振幅因子的相位关系。根据(3)式,相邻波节的 x 坐标分别为 $x_{n+1}=\left[2(n+1)+1\right]\lambda/4$,$x_n=\left[2n+1\right]\lambda/4$,将其代入驻波函数(1)式的振幅因子 $2A\cos\frac{2\pi}{\lambda}x$ 中余弦所对应的角度可

得 $\frac{2\pi}{\lambda}x_{n+1}=n\pi+\frac{3\pi}{2}$,$(n=0,1,2,3,\cdots)$ 当 n 为零或偶数时,这个角度表示从坐标原点 O 出发的、垂直向下的直线,当 n 为奇数时,这个角度表示从 O 点出发的、垂直向上的直线(见图 3-27 的粗实线)。

而 $\frac{2\pi}{\lambda}x_n=n\pi+\frac{\pi}{2}$($n=0,1,2,3,\cdots$)当 n 为零或偶数时,这个角度表示从 O 点出发的向上的直线,当 n 为奇数时,这个角度表示从 O 点出发的向下的直线。以上两角相差一个 π,在数学象限图上这两个角度的差值表现为象限图上从交叉原点 O 出发,向上下两个方向画的两条竖直线所构成的大小为 π 的角(见图 3-27 的粗实线)。

两个相邻波节之间的振幅因子 $2A\cos\frac{2\pi}{\lambda}x$ 中的角度 $\frac{2\pi}{\lambda}x$ 的大小,应该位于两个相邻波节之间相差的 π 角之内,即在以图 3-27 中的粗实线为分界线的 Ⅱ、Ⅲ象限,或者 Ⅰ、Ⅳ象限,这些位置的角度对于余弦的振幅因子而言,始终是同号的,要么同为正,要么同为负。这说明同一时刻两相邻节点之间各点的振幅因子,要么都在 y 轴的上方,同为正,要么都在 y 轴的下方,同为负。如果再考虑对所有 x 点都相同的、随时间做余弦改变的简谐振动的因子 $\cos\omega t$,用不同 x 点的不同的振幅值 $2A\cos\frac{2\pi}{\lambda}x$ 乘以简谐振动因子,就可以得到任意 x 点、在任意时刻

t、在 y 轴上位移的大小。有了以上诸多概念清晰的理论思路,再次回看本实验图 3 - 26 的粗实线,就会在脑海里勾画出纯粹由前面的理论推算而得的、清晰明了的驻波物理图像,这个图像与实验所得的鲜活的图 3 - 24、图 3 - 25 完全一致,说明我们对一维驻波的认识是正确的、深刻的。

我们实验中的两列波源自同一根松紧带,因为用力一击而产生的相向而行的两列波,它们叠加形成驻波。实际上,由于弦的两端是固定的,只要形成驻波,两端一定是波节。对于正弦或者余弦的平面简谐波的波形图而言,两相邻波节之间的距离是半个波长(见公式(5)和图 3 - 26)。因此等于松紧带总长 l 的驻波总长应该是半个波长的整数倍:

$$n \cdot \frac{\lambda_n}{2} = l \tag{7}$$

其中 $n = 1, 2, 3, \cdots$ 即 $\lambda_n = \frac{2l}{n}$。计算可知张紧的柔软线绳横波的波速为

$$v = \sqrt{\frac{F}{\rho_\text{线}}} \tag{8}$$

即波速随张力 F 增大而增大,因为张力 F 大,驱动波动前行的动力也大。而弦的质量加大或者说弦线的线密度 $\rho_\text{线}$ 增大,要驱动波在这样的弦线上前行的困难就加大,因而波速会减小。这些在定性上是可以理解的。

而波的传播速度 v 应该等于单位时间里弦线振动的频率 f 乘以每次振动传播的距离即波长 λ:

$$v = f\lambda \tag{9}$$

即 $f_n = \frac{v}{\lambda_n}$,把(7)和(8)式代入(9)式有:

$$f_n = \frac{n}{2l}\sqrt{\frac{F}{\rho_\text{线}}} \tag{10}$$

也就是说,并不是任何频率都可以在弦线上形成驻波,它必须受到(10)式的限制。而在松紧带上可以形成驻波的振动叫做弦线的固有振动或者本征振动,而对应的频率叫做固有频率或者本征频率。(7)和(10)式说明,随着 n 的不同在,本征频率可以取一系列分离的值。其中 $n = 1$ 时频率最低,叫做基频,$n = 2, 3, 4, \cdots$ 时的频率是基频的整数倍,称为谐频。$n = 2$ 时叫第一谐波,$n = 3$ 时叫第二谐波,$\cdots$,如图 3 - 28。

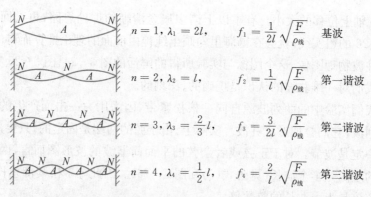

$$n=1,\ \lambda_1=2l,\qquad f_1=\frac{1}{2l}\sqrt{\frac{F}{\rho_{线}}}\qquad 基波$$

$$n=2,\ \lambda_2=l,\qquad f_2=\frac{1}{l}\sqrt{\frac{F}{\rho_{线}}}\qquad 第一谐波$$

$$n=3,\ \lambda_3=\frac{2}{3}l,\qquad f_3=\frac{3}{2l}\sqrt{\frac{F}{\rho_{线}}}\qquad 第二谐波$$

$$n=4,\ \lambda_4=\frac{1}{2}l,\qquad f_4=\frac{2}{l}\sqrt{\frac{F}{\rho_{线}}}\qquad 第三谐波$$

图 3-28　弦线上的驻波的条件及图像（N 表示波节，A 表示波腹）

对于一根确定的弦线，长度 l 和线密度 $\rho_{线}$ 是一定的。张力 F 越大，驻波的固有频率越高。这就是为什么实验中棍子敲打弦线时越用力（即 F 大），驻波频率 f_n 越高（即波长越短），波节越多（见图 3-25 和图 3-28）的原因。

 实验 13　驻波 Ⅱ——自制驻波发生器

材料：玻璃小球（儿童玩具，比如许多跳棋中的棋子就是玻璃小球），**透明胶布，多个回形针，多个橡皮筋圈**

如图 3-29，先把回形针和橡皮筋圈相互间隔，交替连接成链，至少要达到 1 m 以上的长度。再用透明胶布在链条中的每个回形针上贴上两个玻璃小球（或者石头小球）。注意，一定要先连接橡皮筋圈和回形针，后粘贴玻璃小球。如果顺序不对，在贴了玻璃小球的回形针上连接橡皮筋圈会出现困难。链条两端均以回形针结束。在两个末端的回形针上再接上一根用于固定链条的小而短的绳子。

回形针

橡皮筋圈　　玻璃小球

图 3-29　自制驻波发生器示意图

把绳子拴在两个椅背的横栏上或者其他两根同样高度的与链条方向垂直的棍子上。利用橡皮筋的拉力让链条处于大致水平的位置，因为玻璃小球的重量和橡皮筋圈的柔软,要拉平这个链条比实验12(弦的一维驻波)中,拉直较硬的松紧带要困难许多,往往会有些下垂。为防止橡皮筋圈被拉断,不能把橡皮筋圈拉得太紧。

我们用这种两端固定的链条来产生驻波(见实验12)。

你可以试验产生尽可能多的固定的摆动状态。也就是说,这种状态中的最大值和最小值不再游移,而是每次都在同样的位置出现。可以用尽可能多的方式来试验这个波动发生器。比如你可以像在实验12中那样,用一根着力于链条上不同位置的两根木棍轻击(这里不能像在实验12中那样用力,因为小橡皮筋圈的承受力比结实的松紧带差很多)。来激发链条振动,也可以用手拿住一个或两个玻璃小球往上提后,再放手,来激发链条的横波。还可以手拿某一个玻璃小球,拉紧一端的链条后,再放手以激起纵波。

你会发现,当链条两端固定时,虽然驻波的最大波腹不同,但链条最容易激发起的经常是如实验12中的基频横波驻波(如实验12,图3-28基波图)或纵波的驻波。

你也可以只固定链条的一个末端,用手在链条的另一个末端上下抖动,激发出横波以后让手动停止,链条则借助于小球的重力和橡皮筋圈的拉力继续上下运动,形成两端固定的基频驻波。如实验12,图3-28。

因为玻璃小球的阻隔,也可以实现链条一端固定,一端不固定的情况。较好的方法就是将链子的一端用绳子固定住,一只手拿住链子另外一端的玻璃小球用力地上下抖动,或者沿水平方向横向抖动,形成不固定端。你会发现,由于手的作用,波动可以出现一端固定为波节,一端开口为波腹的非基频的少数波节、波腹的驻波行为。如图3-30中的(a)、(b)。

这很可能是因为链条中玻璃小球的重量以及它与橡皮筋圈间隔的摆放,造成的弦线的非均匀性和多个柔软的橡皮筋圈弹力较大,但结实度不够。结果这种自制装置比较容易产生驻波,但也比较容易在橡皮筋的环节断开。

再做第二个波动发生器,给每个回形针只贴一个小球。会出现哪些不同的波的行为?情况与上面两个玻璃小球的情况大致相同,只是因为链条相对轻巧一些,操作起来相对要容易一些。也比在回形针上贴两个玻璃小球的情况稍微结实一点,橡皮筋圈不那么容易断。

但愿你能经常应用这样的装置。

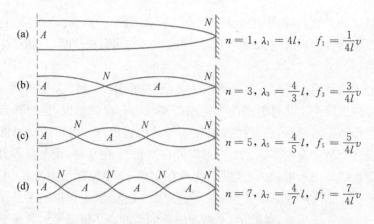

$$n = 1, \quad \lambda_1 = 4l, \quad f_1 = \frac{1}{4l}v$$

$$n = 3, \quad \lambda_3 = \frac{4}{3}l, \quad f_3 = \frac{3}{4l}v$$

$$n = 5, \quad \lambda_5 = \frac{4}{5}l, \quad f_5 = \frac{5}{4l}v$$

$$n = 7, \quad \lambda_7 = \frac{4}{7}l, \quad f_7 = \frac{7}{4l}v$$

图 3-30　一端封闭一端开口的驻波须满足的波长或频率条件与长度关系示意图。图中 A 表示驻波波谷，N 表示波节。右边公式中 l 是链条长度，λ 是波长，f 是频率，v 是波的传播速度。n 是相应驻波形状的标记。（右边公式的理解见实验 31，一个乐器图 3-47 以后的一段文字）

实验 14　驻波 Ⅲ——纵波驻波动画演示

材料：图 3-31，实验 10（波的模拟）中的图 3-22 或本实验图 3-32，大头钉，纸板

用在实验 10（波的模拟）中同样的方法，先把图 3-31 和图 3-32 复印或扫描打印出来后，再剪下来，也可以用实验 10，图 3-22 的纸条稍加修改代替图 3-32。实验过程与我们已经了解的实验 10 相同，观察并解释。为了便于比较，可以先重复做做实验 10，再开始做本实验。

你会发现，无论是从整体上观察图 3-31 绕黑点的旋转运动，还是在图 3-32 的缝隙中来观察这种旋转运动，其特点都与实验 10 很不相同。代替实验 10 中相对密集条纹的连续逐步向外扩散的纵波动画，这里图 3-31 的旋转给出的是相对密集的条纹在与图 3-32 缝隙垂直方向的竖线 2 和 3 附近来回移动，像是在竖线 2 和 3 之间的纵波驻波。

我们为什么说这种线条密集区域在一个有限范围内来回运动是纵波的驻波呢？让我们看看纵波驻波图形的特点到底是什么？在看这个问题以前我们需要弄明白，怎么在图形上来表达纵波的体元。这点我们已经在实验 9（长而软的螺旋弹簧）中，进行了详细的论述。根据实验 9 中图 3-19 所描述的方法，我们可以画出一列长的纵波体元的疏密分布图，如图 3-33 所示。

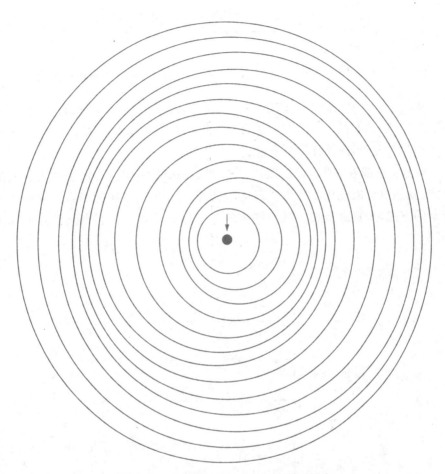

图 3-31 表现纵波驻波动画的可转动圆盘

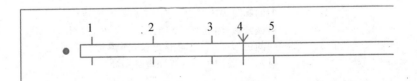

图 3-32 观察纵波体元密度分布的纸条缝(与实验 10 图 3-22 相同)

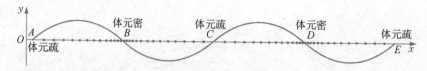

图 3-33 由函数图转换而来的纵波体元疏密分布图(见实验 9,长而软的螺旋弹簧)

从图 3-33 中我们可以看出,在正弦或者余弦曲线的 y 坐标值沿 x 轴正方向下降时,比如波节 B、D 附近,纵波体元分布较密。而在曲线上升时,比如波节 A、C、E 附近,纵波体元分布较疏。

既然正弦或者余弦函数的表达方式对纵波和横波都适用,那么对于纵波的驻波,我们也可以先用函数方式表达,然后再应用实验 9 中把函数转换成体元疏密的方式,来直观地表达纵波驻波的疏密分布是否与我们自制的驻波动画相同。

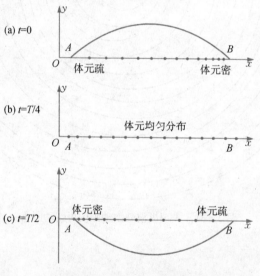

图 3-34 时间间隔为四分之一周期($T/4$)的纵波驻波函数-体元分布转换图($T/2$ 以后,时间仍以 $T/4$ 为间隔延长,而图形按(b)、(a)、(b)、(c)顺序重复循环)

图 3-34 为时间间隔为四分之一周期($T/4$)时,驻波基频的振动模式及其相应的直观的纵波驻波体元的疏密分布。由图可见,随着时间的流逝,纵波驻波的体元较密的分布,从 B 点附近运动到 A 附近,再从 A 运动到 B。与我们的纵

波驻波动画图相同,说明我们的动画图确实正确表达了基波(见实验 12 驻波Ⅰ中图 3-28)纵波驻波的体元分布的运动方式。

再看图 3-35,相对密集的条纹集中在图 3-31 中心黑点的水平方向右侧的从中心向外数的第 4,5,6,7 圈和水平方向左侧的第 7,8,9,10 圈两个位置,如下图 3-35 的小框 2 和小框 3。这两个小框交界处有一个公用圈第 7 圈。正是这个公用圈,使转动中的 3-31 图,有波动密集区连续变化移动的感觉,形成纵波驻波基波的表现。而图 3-35 中小框 1 和小框 4 虽然也出现了线条密集区,但因为这两个密集区是独立的,不与其他任何线条密

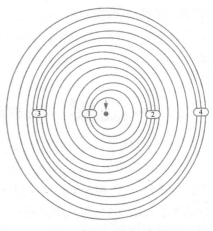

图 3-35 同图 3-31,纵波驻波动画圆盘上,线条相对密集区域的分布图

集区共用任何圆圈,因此它们就缺乏波动传动的感觉(见实验 9)。

图 3-35 中一共有 13 个圈,以上两个密集条纹的位置,正好处于从第一圈到第 13 圈的中部位置,既不在最中心的 1,2,3 圈,也不在最外缘的 11,12,13 圈。因此表现出密集条纹区在图 3-32 缝隙 2 和 3 之间来回移动,就好像图 3-34 中标准的纵波基波,体元的密集区在 A、B 两点间移动一样。

实验 15 纵波驻波——实物演示

材料:长而软的螺旋弹簧(比如一个弹簧跳),表面光滑的硬纸筒,金属线或线

把长而软的螺旋弹簧围成一个圆,用金属线或者线把弹簧的两个末端固定在一起。在圆形弹簧的中心放一个硬纸筒。用一支铅笔,以常数频率推动圆形弹簧,使圆形弹簧产生纵波。频率的选择应使圆形弹簧产生驻波基波。

在左图的正面,观察纵波驻波的运动规律,并和实验 14(驻波 3)的动画纵波驻波进行比较,进一步确认动画纵波驻波的合理性。

你也可以尝试,用更高的频率激发更高级的纵波驻波。可以把实验 12(驻波 1)的图 3-28 中第一、二、三谐波

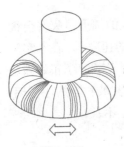

图 3-36

的横波驻波,就像在实验14(驻波Ⅲ)中图3-34一样,在图纸上将图3-28中的非基波横波驻波转换成相应的纵波驻波后,再在本实验的操作中探索这些驻波的实际表现。

实验16　摆动的膜——一种圆形的二维驻波

材料:金属丝,餐具洗涤剂,盘子,水

用金属丝围成一个直径15～20 cm的圈,注意在金属丝两端接头处留出一小段金属丝,以作为手拿金属圆圈的手柄。在一个浅浅的大盘子中,或者大小合适的洗衣盆中,倒上餐具洗涤剂后,加上少量清水。把金属环浸入洗涤剂溶液中。注意洗涤剂加水后尽量不要产生大大小小的泡沫,如果已有一些泡沫,可以手拿容器晃动,至少留出圆环大小的面积内没有明显的泡沫。再把金属环浸入无泡沫的洗涤剂溶液中,让整个金属环在溶液中充分均匀浸泡以后,小心翼翼地把圆环取出来。这样,你就能在环内得到一片薄膜。小心地举起金属环,让它轻轻地摇晃。观察薄膜的运动。

你会发现,薄膜上,因光的干涉会有漂亮的彩色条纹(见本丛书第二册,光学部分,实验52,肥皂膜),轻轻地晃动薄膜,如果晃动的频率 f 合适,你会发现因为金属丝圆环使薄膜圆周处固定成为波节,而整个薄膜的振动形成一个二分之一波长的圆形驻波,如图3-37。其侧视图与一维驻波的基频波相同(见实验12,驻波Ⅰ图3-28中的基波)。就像一面圆鼓,中心被一个鼓槌敲动后的一种可能的表现。

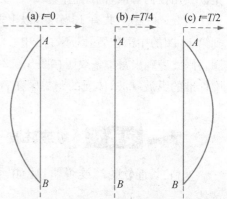

图3-37　圆形薄膜驻波示意图(侧视)

如果晃动薄膜的频率 f 不合适,则由金属丝圆环所围成的圆形薄膜将会很快破裂。因为 $\lambda f = v$,即波长 λ 乘以频率 f 等于波动传播的速度 v。在本实验中,速度 v 可视为不变,晃动频率 f 大,则波长 λ 短,只有当晃动频率 f 正好满足公式: $\lambda/2 = v/(2f)$ 时,薄膜的振动才会在金属圆框中形成驻波。当然,由于手晃动的频率 f 很难保证稳定,即使形成了驻波,维持的时间也不长。

二、声音

实验 17　**声音和振动——声音和振动有必然联系**

通过下面的实验,人们可以确认声音和振动之间的关系。

1) 材料:0.5 m 长的橡皮筋

把橡皮筋的一端连接在门把手上,用脚把橡皮筋绷紧。用手拨动橡皮筋后,又松手。人们会听到一声声响,看到橡皮筋在振动。

另外,如果一个人说"啊",他能感觉到嗓子在振动。

2) 材料:回形针,小鼓

把回形针放在鼓上,轻轻地击鼓。回形针会在鼓面上跳舞。鼓,人们也可以用橡皮膜、一个空罐头盒和橡皮筋来制作:用橡皮膜包住空罐头盒的开口,用橡皮筋把橡皮膜固定在空罐头盒的开口上绷紧,自制一个鼓。

3) 材料:叉子(最好是音叉),平板玻璃,蜡烛,回形针

用一个物体敲一下音叉后,将音叉放在耳朵边。

一个人可以用熏黑的平板来显示音叉的振动。首先用点燃的蜡烛放在玻璃平板下,直到把平板熏黑。用透明胶带把一个回形针绑定在音叉的一个齿尖上。打击音叉后,拉着音叉滑过熏黑的平板。回形针会在身后留下正弦的轨迹。这个实验,用投影仪来显示,效果会更好。

4) 材料:塑料尺子

用手在桌子上按住尺子的一端,并使它的另外一端有一段伸出在桌外。另外一只手向下按一下尺子露出桌子的部分,再放手。借助于塑料尺子的弹性,使空气振动,尺子会发出声音。然后改变尺子伸出部分的长度,声音的频率会发生改变。尺子伸出桌面的部分越长,尺子抖动发出声音的频率越低,即音调越低。或者说,尺子露出桌面的部分越短,发出声音的音调越高,即频率越高。

因为直尺露出桌面的部分越短,则参与振动的质量 m 越少,这时振动的周期 T 越短。

这里所提到的声音频率与质量的关系,其定性理解可以参看实验7(简谐振动函数),虽然实验7说的是弹簧振子,但它的振动周期的表达式 $T = 2\pi\sqrt{\dfrac{m}{k}}$ 中,周期 T 与质量 m 呈递增关系,质量大周期长,则振动频率低($fT = 1$,见实验5(李萨如图)的分析)。这个规律是普适的。激发质量大的物体完成一个周期的振动,要比质量小的花费的时间更长,这与日常生活的常识和感觉并不背离。

周期 T 和频率 f 互为倒数, $f = 1/T$ 。因为周期 T 是完成一个周期振动所需要的时间,而频率 f 是单位时间里,振子所做的完全振动的次数。既然完成一次完全振动的时间是周期 T ,单位时间里,振子所做的完全振动的次数,当然就是单位 1 除以一次振动的时间 T 。质量 m 大、固有振动的周期 T 长,频率 f 就低;质量 m 小,固有振动的周期 T 短,频率 f 自然就高了。

5) 材料:绳子,尺子

在尺子的一端钻一个孔,使其能用绳子吊起来。用不同频率让尺子做圆周运动。你会发现尺子圆周运动的速度越快,发出的声音的音调越高,或者说频率越高。因为快速运动的尺子,煽动空气随之振动的频率也高,发出声音的音调也就高。而尺子旋转的速度越慢,尺子煽动空气振动发出声音的频率也越低。

6) 材料:高脚大酒杯

取两个或者多个同样的高脚大酒杯,在酒杯中分别装上多少不同的水。用一根铅笔敲打或者用湿手指蹭过酒杯边缘,会发出一种音调与水面高度相关的声音。

你会发现,水面高的酒杯发出的声音低,水面低的酒杯发出的声音高。因为这里声音的来源是玻璃杯的玻璃和其中水的振动。水面高,振动源质量大,频率低。水面低,振动源质量小,频率高。就像古代编钟,大个头的编钟敲出的是低音、小个头编钟敲出来的是高音一样。

观察酒杯中的水平面,可以发现小波。为了便于观察水中的小波,你可以用眼睛透过装水的玻璃杯,在水面下紧靠水面之处看看报纸上的字,你会看到报纸上的字有轻微的抖动。水越多,抖动越明显。因为低音频率低,水抖动的频率也会较低,而较低的水面抖动频率更容易观察到。

实验18 **让声波看得见——声波的空气振动激发实物振动**

材料:爆米花,细线,支架,橡皮筋

把多颗爆米花固定在细线上(用缝衣针或者粘贴剂),挂在支架上。用齿状物把橡皮筋张紧,用手使橡皮筋振动,人们会听到一种声音。现在让振动的橡皮筋紧挨着细线上中间的爆米花小球,但是不要触及它。这些小球会被声波激励而振动。

声音是因为振动源的驱动力,比如本实验中拨动橡皮筋的手,使振动源激发空气振动而产生声音。而空气振动就会产生推动力,就像风会吹走物体一样。与声音同步的空气振动,推动力虽然很小,但对于轻小的像爆米花的物体,用合适的方法,也有可能激发它们的微小振动。

2014年5月22日中国科学报头版头条所载《让声音看得见》,报道了中科院声学所噪声振动重点实验室的声像仪。它以高灵敏度声音压强传感器,将声音信号传到信号处理器上形成图像,与摄像头的视频画面透明叠加起来,形成直观声像图,既可以定位声源,又使声音看得见。这种声像仪成像清晰无畸变,对噪声源的识别精度高,远超欧美同类产品。

 实验19 **介质的作用——机械波传播的必要条件**

材料:小钟(像寺庙里的暮鼓晨钟那种形状的钟),金属丝,带盖的广口瓶,报纸,火柴,黏胶带

这里的小钟,在中国许多旅游景点特别是寺庙景点附近的小摊上可以买到。如图3-38把小钟固定在金属丝上,把金属丝的另一头穿过瓶盖,用黏胶带将金属丝固定,并使瓶盖尽可能密封。把瓶盖盖在瓶上,摇晃瓶子,人们可以听到瓶内小钟的丁零声。

图3-38 密封的瓶中挂着一个摇晃瓶子会发声的小钟

现在你来制造一个部分真空:打开瓶盖,把报纸扭在一起,用打火机或火柴点燃报纸,扔进瓶里。待报纸即将燃尽,赶快盖上瓶盖。因为热空气使瓶内的部分空气溢出瓶外,瓶里的空气冷却后会形成部分真空,也就是说瓶内出现了一个低压。这时,你再摇晃瓶子,瓶内钟的声音会变小。如果能使瓶里变

成完全真空，人们就听不到钟声了。

当声波在空气中传播时，在声波经过的途中，空气中各部分的压强将发生变化，会出现力学量压强的周期性变化的传播。耳朵之所以能听到声音，实际上是空气压强变化的结果。在有声波传播的空间，其中某一点在某一瞬时的压强 p 和没有声波时压强 p_0 的差 $p-p_0$ 叫做这点的瞬时声压。声压可正可负，声压高于无声波时的压强为正，声压低于无声波时的压强为负。

我们可以利用波形图来解释平面简谐波中声压的分布情况（见实验9，长而软的螺旋弹簧中最后一段）。下图表示沿 x 轴传播的平面简谐声波纵波在某一瞬间的波形。

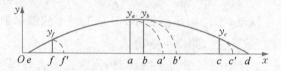

图3-39　平面简谐声波的位移—声压分布分析示意图

首先观察位移最大处相邻的两体元 a 和 b，按照实验9中图3-19的方法，可以找到平衡位置在 a 和 b 的体元所对应的在实际纵波中的 x 轴上的位置 a' 和 b'，因为 y_a 和 y_b 近似相等，即 $y_a \approx y_b$，于是 $ab \approx a'b'$ 这表明此处气体体元可看作既未压缩也未膨胀。

再以位移最小处的平衡位置在 e、f 处的相邻体元为例，e 处体元位移为零，体元 f 的位置在 f'，此二体元的平衡位置相距为 ef，而发生位移后相距为 ef'，而且 $ef' > ef$，可见此处附近的气体有所膨胀。

最后，观察另外一个位移最小处的相邻体元 c 和 d，显然，这两个体元平衡的间距 cd 大于位移后的距离 $c'd$，即 $cd > c'd$，这说明此处的介质发生了压缩形变。在计算声速的过程中，与实验相符的正确结果告诉我们，有声波传播的介质压缩或者膨胀时，来不及和外界交换热量，近似于绝热过程。根据热力学绝热过程的规律，气体做绝热膨胀时，因为体积增大，压强就减小。做绝热压缩时同样体积减小，压强增大。

图3-39显示，当介质体元处于最大位移（如 a 和 b 时），因为气体既不压缩也不膨胀，声压为零；而体元经过平衡位置（如 e、d 时），声压可能取正负最大值。

声波是机械波。机械波的存在要有两个条件：一是要有波源（振动源），本实验的振动源就是晃动的小钟；二是要有传播振动的介质，本实验中传播声音的介质就是空气。用燃烧的报纸使瓶内空气变热后从打开瓶盖的瓶子中跑出去，从而使瓶内空气变得稀薄,稀薄的空气使传播声波的介质中,压强的周期性变化变得微弱,因而声音变小。瓶内空气的真空度越好,我们听到的声音也越小。就像在月球上,没有空气传播声音,那里是一片寂静的世界。

 **实验 20** **水介质——传声虽比空气好,但透射到空气中的声音要减弱**

材料:两块石头,装有水的盆

两手上各执一块石头(如鹅卵石),用两块石头互相打击,听得到通过空气传过来的响声。

在水下,重复这种打击,人们在空气中听到的声音会怎样? 更清晰、更响? 因为水传导声音比空气好? 其实情况正好相反,为什么?

设两种情况下,手拿两块石头互相打击时,所提供的声音能量或者说声强 I,即声波的平均能流密度(单位面积上的平均能流)大约相同。

第一种情况下,声音直接从空气传到人耳。

第二种情况,声音要透过水面,进入空气再传到人耳。透过水面进入空气的声音强度 I_t 与水中原始声强 I 之比,称之为透射系数为 $\alpha_t = \dfrac{I_t}{I} = \dfrac{4R_1R_2}{(R_1+R_2)^2}$,其中 R 为介质的特性阻抗,且 $R = \rho v$(介质的特性阻抗等于介质的密度 ρ 乘以声音在介质中的速度 v)。水的特性阻抗 $R_水 = R_1 = (\rho v)_水 = 998\,\text{kg/m}^3 \cdot 1480\,\text{m/s} = 1.48 \times 10^6$ 瑞利;而空气的特性阻抗 $R_空 = R_2 = 1.21\,\text{kg/m}^3 \cdot 343\,\text{m/s} = 415$ 瑞利。于是击石声强从水中透射到空气中的百分比是

$$\alpha_t = \frac{I_t}{I} = \frac{4R_1R_2}{(R_1+R_2)^2} = \frac{4 \times 415 \times 1.48 \times 10^6}{(415 + 1.48 \times 10^6)^2},$$

这样的算式,因为 R_1 和 R_2 之间的数量级相差太大,直接算会很麻烦而且不准确,可以变换一下:

$$\alpha_t = \frac{I_t}{I} = \frac{4R_1R_2}{(R_1+R_2)^2} = \frac{1}{\dfrac{(R_1+R_2)^2}{4R_1R_2}} = \frac{1}{\dfrac{R_1}{4R_2} + \dfrac{R_2}{4R_1} + \dfrac{1}{2}},$$ 先算分母,再求

倒数。

$$\frac{R_1}{4R_2} = \frac{1.48 \times 10^6}{4 \times 4.15 \times 10^2} \approx 0.0892 \times 10^4 = 892; \quad \frac{R_2}{4R_1} = \frac{4.15 \times 10^2}{4 \times 1.48 \times 10^6} =$$

$7.0 \times 10^{-5} \approx 0$。

$$\frac{R_1}{4R_2} + \frac{R_2}{4R_1} + \frac{1}{2} = 892 + 0.5 = 892.5,$$

$$\alpha_t = \frac{1}{892.5} = 0.001\ 12 = 1.12 \times 10^{-3} = 0.112\%$$

也就是说，透射出水面的声强只是水中声源声强的 0.112%。也许有读者会想，这么小的比例，在空气中，还能听到水里的击石声吗？

实际上，人耳不是精密的机械设备，人的器官是人类在自然界中根据生存需要逐步适应、进化而来的。人们通常对声音强弱的感受是响度，响度大致正比于声强的对数。单位是分贝(dB)，响度 L 定义为 10 乘以声强 I 与选定的基准声强 I_0 比值 $\frac{I}{I_0}$ 的对数(10 为底的对数)：$L = 10 \times \lg \frac{I}{I_0}$。

这里所说的基准声强 $I_0 = 10^{-12}\ \text{W/m}^2$，它是频率为一千赫兹(1 000 Hz，即每秒钟完成 1 000 次的振动)的声波，刚能引起人耳听觉感受的最弱的、被定义为声强级为零分贝(0 dB)(因为 $\lg \frac{I_0}{I_0} = \lg 1 = 0$)的声音。

$$10 \times \lg \alpha_t = 10 \times \lg \frac{I_t}{I} = 10 \times \lg(1.12 \times 10^{-3}) = -29.5\ \text{dB}$$

也就是说，水里的击石声音，传到空气中，损失了或者说减小了 29.5 dB。29.5 dB 又是个什么概念呢？请看表 3-2。

表 3-2　不同声源的响度

序号	描述和乐谱记号	声压振幅 p/(N/m²)	声压与阈值之比 p/p_0	声音强度/(W/m²)	I/I_0	声级/dB	响度
1	离你 6 m 的喷气式发动机，像地狱中一样喧闹	3×10	10^6	2	10^{12}	120	震耳响
2	摇滚乐队，极强(fff)	3×10^0	10^5	2×10^{-2}	10^{10}	100	
3	很拥挤的交通，强(f)	3×10^{-1}	10^4	2×10^{-4}	10^8	80	
4	轻声的谈话，弱(p)	3×10^{-2}	10^3	2×10^{-6}	10^6	60	正常稍轻
5	寂静的房间，极弱(ppp)	3×10^{-3}	10^2	2×10^{-8}	10^4	40	正常稍轻
6	1 m 远处的悄声细语，难以听见	3×10^{-4}	10^1	2×10^{-10}	10^2	20	轻
7	树叶沙沙声			10^{-11}	10	10	极轻
8	1 000 Hz 处的听觉阈值，引起听觉的最弱的声音	3×10^{-5}	1	2×10^{-12}	1	0	

29.5 dB 在上表的序号为 5 和 6 之间,即在寂静的房间和 1 m 远处的悄声细语之间。本实验中的感觉是,水中的击石之声,在空气中听起来,比直接在空气中听起来,声音明显减小。声音响度损失的量,给人的感觉大约相当于"一米远处,声音稍大一点的悄声细语",但依然能清楚地听见。

 **实验 21** **固体中的声音——钟表的嘀嗒声,通过桌面进入耳朵的声音更大**

材料:发出嘀嗒声的表

把表放在桌子上的远端,使你坐着刚刚能听到表的声音。把你的耳朵贴在桌面上,你听到的嘀嗒声会大些,因为桌子传声更好。

放在木质桌子上的发出嘀嗒声的表或者钟,可以认为声源的振动同时传入空气和桌子。根据声音的无色散性,即声音频率与声音的传播速度无关,传入空气和桌子的声波圆频率 ω 相同。根据界面的瞬时速度的连续性原理,可以近似地认为传入空气和桌子的声波振幅 A 也相同。

利用线性、无色散、无损耗介质中的偏微分波动方程和牛顿力学可以得到声波单位面积上的平均能量流,即平均能流密度,我们称之为声强 I 的表达式(因为涉及微分方程,超出了我们中学的数学范围,我们这里只给出表达式的结果,而不去解释推导过程)为:$I = \frac{1}{2}\rho v \omega^2 A^2$,其中 ρ 是介质的质量密度,v 是声波在介质中的传播速度,ω 是声波的圆频率,A 是声波的振幅。

本实验中,带有嘀嗒声的钟或表的声音,进入空气和桌子的 $\omega^2 A^2$ 相同,但是密度 ρ 及其中的声速 v 是不相同的,桌子的密度 ρ 和其中的声速 v 远大于空气。因此通过桌子进入耳朵的钟声,也大于从空气中传过来的声音。当然声音响度的差别,不是通过声强 I 值的差别来显示的,而是通过响度的定义 $L = 10 \times \lg \frac{I}{I_0}$ 所表达的分贝数的差别来表达的(见实验 20,水介质),其数值的大小远小于桌子中和空气里声强的差别。

 实验 22 **声音的传播 I——绳子传播的声音能量大于来自空气的能量**

材料:线(例如商店里用来包装货物的塑料绳子),金属勺子

把勺拴在线的中点。握住线的两个末端,靠近耳朵。让第二个人用另外一

耳朵

绳子

金属勺

图 3-40

个勺子敲打吊在线上的勺子,人们能听到一个清晰的声音。把这个声音与你听到的没有线末端附在耳边的声音相比较。

此实验与实验21(固体中的声音)类似,第二个勺子敲击第一个用绳子吊起来的金属勺的声音,通过绳子传到耳朵里的声强,大于没有绳子拴住金属勺时直接从空气传到耳朵里的声音。因为绳子的密度 ρ 和其中的声速 v 均大于空气中的值。因而通过绳子进入耳朵的强度大于直接从等距离的空气中穿过来的强度。详细分析见实验21。只不过,本实验的固体介质不是桌子,而是绳子。

实验 23　声音的传播Ⅱ——声音沿金属管线而行,走得更远

材料:有暖气管的房间

通过敲打暖气管,人们可以把声音传到其他的房间。管子和装在其中的水能很好地传导声音。

因为暖气管子和其中的水的密度均大于空气,声音在其中传播的速度也远大于空气。更何况敲打暖气管,说明声源本身就是暖气管和其中水的振动。因此声音的能量大部分通过管子和里面的水,传导到其他房间。

如若不是通过暖气管,声音只是通过空气从一个房间传到另外一个房间,由于有墙壁的阻隔,会有一部分声音能量通过墙壁反射回到原来的房间,还会有一部分声音能量,透过墙壁,或在墙壁内弥漫而损耗。真正穿过墙壁而传到隔壁房间的声音能量就大大减少了,更不用说穿过第二个房间进入第三个房间了。

也许有人会说,既然房间直接传声并不好,为什么来自一个房间的扰民的噪音,会有那么大的影响? 其实这种噪音更多的是穿过开启的窗户,或者窗户的缝隙,直接通过空气进入其他房间而影响一片的。没有了墙壁的隔音屏障作用,传声效果会更好些。

暖气管穿过墙壁与墙壁的接触有了空隙,使声音能量更多地集中在管子内外周围。顺管而行,因而走得远。

实验 24　简易电话——简单措施诱使声音沿线进耳

材料:两个空罐头盒,10 m 长的线,钉子、锤子等,用来把罐头盒锋利的边缘遮住的黏胶带

用钉子和锤子在每个罐头盒的底部敲出一个洞。用线穿过每个孔,在线的

末端系上一根火柴棍,以免线头从洞里滑出来。如图 3 - 41 所示。

图 3 - 41

这样,你就可以把这些罐头盒当电话用。线传导声音比空气好,罐头盒可以交替地充当听筒和送话器。

在这个自制电话中,语音的出发,就是用空罐头盒对着嘴巴将声音拢住,让其少发散在空中而白白损耗。接着用密度大于空气的绳子,诱使声音较多地沿绳而行(见实验 21,固体中的声音;实验 22,声音的传播I;实验 23,声音的传播II),终端听话端把空罐头盒对准一只耳朵,防止已传到的声音不直接入耳而溜走。

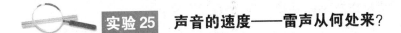

实验 25　声音的速度——雷声从何处来?

材料:一场雷雨

声音传播是有速度的。这可以从一场雷雨看清楚。人们看到闪电要早于雷声,因为光的速度是每秒 30 万 km,比声音速度(约每秒 333 m),快很多很多。

人们数数闪电和雷声之间的秒数,再把所得的秒数除以 3,就可以得到雷雨发生的距离大约在距离观察者多少公里之外。

因为 1 km = 1 000 m ≈ 333 m × 3,而声音的速度约为 333 m/s = $\frac{1}{3}$ km/s。时间×速度 = 距离,因为闪电的光传播的速度极快,可以认为,我们看到闪电就好像不需要时间,而闪电后雷声的滞后时间,就是雷从发生地到观察者所花费的时间。这个时间乘以声音奔跑的速度 $\frac{1}{3}$ km/s,也就是除以 3 就得到雷电发生地到观察者距离的公里数。

利用这个方法,人们也可以确定回声反射墙的距离。当然,人们必须考虑到,在回声的实验中,声音是先出发遇到诸如大山或其他反射墙的音障,再从音障反射回到发声者的耳朵。实际上是两次通过这个距离。因此时间×音速之后的距离要除以 2,才是发声者到音障的距离。

实验 26　声音的传播方向——用固体音障规范声音通路

材料:漏斗,橡皮管,薄纸板

声音从声源出发,向所有方向传播。但是,人们可以利用自制音障将它向确定的方向引导。

喇叭筒：按图把一片圆形的薄纸板剪开，在中间剪出一个洞。再把这张纸板卷成一个锥形。通过这个喇叭筒对着听众说话，可以使远处站着的人听起来比没有喇叭筒时要清楚些。

这是因为锥形喇叭把原来要向以声源为中心的整个球面即整个空间传播的声波，限制在喇叭的锥形之中，从而使声音能量，更加集中在喇叭口所指的方向，增加了站在此方向上远处人耳所能接收的声音能量或者响度，当然听起来要比没有喇叭筒时，要清楚一些。

详细的演算推导可知，在锥形喇叭中传播的是球面声波，而不是平面声波，其声速 v 与频率无关，而其声强随距离的衰减遵循平方反比定律，即声强随离声源的距离的平方成反比例衰减，距离越远，声音强度越小。

沿着点线剪开

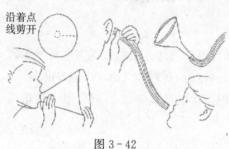

图 3 - 42

橡皮管传声筒：人们说话时通过一个浇灌园地用的长橡皮管，同样能达到较远的距离。

听诊器：人们在听诊器的橡皮管中，插入了一个漏斗，会使患者的心跳声让医生听得更清楚。

长橡皮管传声筒和听诊器，实际上也是通过器械的帮助，尽量使声音沿着规定的通道，集中传播，减少损耗，以便像传声筒一样传得更远，或者像听诊器一样，集中声音能量，提高声音响度，听得更加清晰。

 实验 27 **频率和调高的关系——频率越大，音调越高**

材料：自行车，卡片

让自行车轮子朝上放置，握住伸进转动着的轮子辐条里的卡片的在外一端。注意，卡片可以长一些，以防旋转的车轮伤到手。

音调的高低会随着（一定时间内）自行车轮子旋转圈数的变化而变化。确定的时间间隔内，旋转的圈数越多，辐条打击卡片所发出的声音的调子越高。即频率越高，音调越高。

将此实验与用直尺做的实验 17（声音和振动）的 5）相比较。实验 17,5）中的声音是旋转的直尺拍打空气而发声，而这里是旋转的辐条拍打卡片，都是旋转速度越快，频率越高。

实验28 乐器——土吉他演示真原理

材料:橡皮筋,箱子,小木块

长度不同且粗细不同的橡皮筋,跨过箱子被绷紧。小木块在橡皮筋下作为琴马放置,这样,人们就可以弹拨或弹奏这些橡皮筋。

调高则通过弦线的紧张度调大,比如,把弦线拉得更紧一些,使弦线发出的声音普遍调高,因为弦线的张力越大,频率越高(见实验12,驻波Ⅰ——弦的一维驻波)。而弦线长度的调节,则用手指把弦线按住,让弦线变短,音调就升高了。因为弦线变短,用于振动发声的质量 m 变小,振动周期 T 变小,频率 $f = \dfrac{1}{T}$ 就变大(见实验8,长而软的绳子)。发出声音的频率就会越高。

这种土吉他当然弹不出真吉他的动人旋律,但它调节音调高低的两种办法,增大弦线张力、调节弦线的长短,和一把真吉他的办法是一致的。

那么音乐是否美妙动听,到底取决于什么呢?

其实声音有三个方面的量度:音调、响度和音色。

音调是我们感觉到的声音的高低(比如沉闷的低音,刺耳的高音)的科学表达,它取决于频率,频率高则音调高,频率低则音调低。

响度是我们感觉到的声音的大小(比如震耳欲聋的大声,轻言细语的小声),它取决于声音的能量,声强等级(见实验20,水介质),也与频率有微妙的关系,如图3-43。即在人耳能够感知的区域,低频段中,声强随频率增加而下降;高频段中,声强随频率增加而增大。低频高频的分界线,大约在5000 Hz(赫兹)左右(1 Hz表示1 s内振动1次,5000 Hz表示1 s振动5000次)。

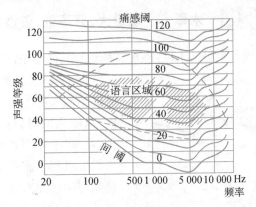

图3-43 响度曲线

而声音是否好听,则主要取决于音色。任何优美动听的音乐,总是存在音调高低起伏变化。男女声合唱,即使他们唱出的音调高低相同,响度也相差不大,但仍然能分辨出男女发音的不同特色;钢琴和提琴发出同样的音调,但人们依然能够分辨出哪是钢琴,哪是提琴的声音。这是因为它们有不同的音色。不同的音色是怎么形成的呢?

当弦、空气柱或其他声源振动的时候,不仅有基频,还会有多个高阶的谐波频率。其中基频的振幅最大。用图形标识出某声源振动的基频和谐频的振幅,叫做振动的频谱。图 3-44 分别表示 128 Hz 的大提琴的频谱,除基频外,还有 36 个谐波频率,图中所示为基频和谐频的相对振幅(以基频振幅为 100),而 128 Hz 单簧管发音的频谱,除 128 Hz 的基频外,还有 20 个谐波频率。

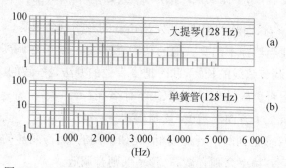

图 3-44　128 Hz 大提琴声和 128 Hz 单簧管声音的频谱

不同乐器发出同样的音调,表示其基频频率相同,但各有不同频率和不同相对振幅的谐波。音调取决于基波频率,而音色取决于频谱,即各个谐波的频率和相对振幅。

实验 29　木琴——质量大、频率低,普适的乐器原理

材料:长木条或者零星的木段,跳绳,两支铅笔,两个空线轴或者两把勺子

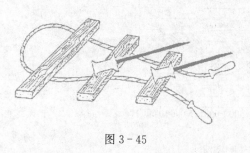

图 3-45

把木质相同、宽、高均相同的木条锯成不同长度的块。把跳绳弯成一个圈,以便人们可以把木块放在跳绳之上,跳绳的两端各伸出 1/4 的绳长。人们可以利用插进空线轴的铅笔或者金属勺子作为木槌。这样木琴就制作好了。木块越短,质量越小,频率越

高,音调也越高。(见实验7,简谐振动函数;实验17,声音和振动)。图 3 - 45 的跳绳只是示意木琴可能的衔接方式。

 实验30 瓶子乐器——管乐原理,空气柱振动

材料:多个瓶子,水

在一个瓶子的边缘吹气,瓶中的空气柱因被激发而振动,可以发出一个音。音调的高度由瓶中水的高度决定。如果瓶子相同,则盛水少而空气柱长的瓶子发出的声音频率低、音调低,因为被激发的空气柱的质量大。而盛水多的瓶子,留下的空气柱短、质量少,发出的声音的频率就高,即音调高(见实验17,声音和振动)。

由此人们可以用相同的瓶子,盛水由少到多,依次吹响它们,则声音的频率由低到高,对水的容量进行精致地微调,可以用实验制造出 do、re、mi、fa、so、la、xi、do 逐次升高的八度音阶来。

当然,对着瓶子吹气发声并不是一件特别简单的事情。一般来说,瓶口小一些的瓶子容易吹响一些。

 实验31 一个乐器——空气柱短长与音调高低的直接诉说

材料:麦秆、稻秆或用来喝饮料的吸管,剪刀,金属丝,蜡烛,信封

用剪刀在麦秆或者吸管的一端剪下两个角(如图 3 - 46)。把这一端放进嘴里,用嘴唇把此末端压紧。以不同的强度猛烈地吹麦秆,直到听见声音。这样做是有难度,但多次尝试是可以成功的。只要能吹出声音,就是胜利。

现在,在麦秆或吸管下方的平口端剪下一段,因为空气柱变短,音调会变高。你可以一直重复这个动作,直到麦秆很短,音调变得很高(见实验17,声音和振动;实验30,瓶子乐器)。

图 3 - 46 一端剪下两个角的吸管

与弦振动的横波不同,空气柱振动发声的驻波是由纵波形成的。管端有两种情况,一种是封闭的,一种是敞开的。如果是封闭的,则靠近闭端空气体元的位移恒等于零,即空气柱闭端一定是位移波节。如果管端是敞开的,因空气柱与外界大气相连,其压强恒等于大气压,不会发生压缩或者膨胀形变。根据驻波的特点可知,只有波腹处的体元不会发生形变(见实验19,介质的作用,图 3 - 39),因此空气柱的开端形成的一定是驻波的位移波腹。

先讨论两端都是敞开的情况：因为两端均为位移波腹，而相邻波腹间的距离是波长的一半（$\lambda/2$）（见实验 12，驻波 I 中公式（2）和图 3-28），因而固有振动或者本征振动的波长应该满足条件：

$$l = n\frac{\lambda_n}{2}, \ n = 1, 2, 3, \cdots \text{ 其中 } l \text{ 表示管长。即}$$

$$\lambda_n = 2l/n, \ n = 1, 2, 3, \cdots$$

$n = 1$ 的波长 λ_1 为基波波长，$n = 2, 3, 4, \cdots$ 给出谐波的波长。根据波长 λ、频率 f 和声速 v 的关系式：$\lambda f = v$ 可知频率 $f = v/\lambda$ 得到

$$f_n = \frac{n}{2l}v, \ n = 1, 2, 3, \cdots$$

基波与谐波的位移波腹 A 和波节 N 分布如图 3-47 所示。

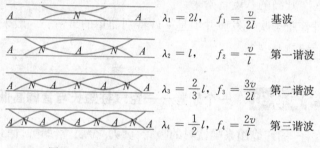

$A \quad\quad N \quad\quad A \quad\quad \lambda_1 = 2l, \quad f_1 = \dfrac{v}{2l} \quad$ 基波

$A \quad N \quad A \quad N \quad A \quad\quad \lambda_2 = l, \quad f_2 = \dfrac{v}{l} \quad$ 第一谐波

$A \ N \ A \ N \ A \ N \ A \quad\quad \lambda_3 = \dfrac{2}{3}l, \quad f_3 = \dfrac{3v}{2l} \quad$ 第二谐波

$A N A N A N A N A \quad\quad \lambda_4 = \dfrac{1}{2}l, \quad f_4 = \dfrac{2v}{l} \quad$ 第三谐波

图 3-47　两端敞开管状空气柱驻波示意图

如果管的一端封闭，一端敞开（见实验 13 驻波 II，图 3-30），与本实验中的发声吸管情况相同，则在开端是驻波位移波腹，闭端一定是驻波位移波节。对于平面简谐波而言，图 3-47 显示，相邻的波节和波腹相距四分之一波长 $\left(\dfrac{1}{4}\lambda\right)$，为了保持管子一端为波节，一端为波腹的状态，每次必须在 $\dfrac{1}{4}\lambda$ 的基础上增加半个波长 $\left(\dfrac{1}{2}\lambda\right)$，因而固有振动或者本征振动的波长应该满足条件：$l = n\dfrac{\lambda_n}{4}$，$n = 1$，3，5，$\cdots$（注意：其中 n 只取奇数），l 表示管长。即

$$\lambda_n = 4l/n, \ n = 1, 3, 5, \cdots$$

$n = 1$ 的波长 λ_1 为基波波长，$n = 3, 5, \cdots$ 给出第一、第二谐波波长。而相应的频率为：$f_n = \dfrac{n}{4l}v$，$n = 1$，3，5，$\cdots$ 而位移的波节与波腹的分布见实验 13

(驻波Ⅱ)的图 3-30 所描述的一端开口、一端封闭的横波驻波情况。因为横波驻波和纵波驻波均来自于简谐波动,因而它们的基波和谐波波节波腹分布图是相同的。具体解释见实验 14(驻波Ⅲ)的图 3-34。

也可以在麦秆上钻洞。用一段金属丝在蜡烛上烧热,然后在麦秆上或吸管上融化出排成一行的三到四个小洞。就可以像玩笛子一样玩麦秆或吸管,如图 3-48。

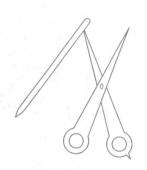

以竹笛为例,把笛子上所有的圆孔都用手指堵住,空气柱最长,音调最低。放开笛子上最末端的一个孔,因为笛子外面的空气可以通过这个放开的孔与笛子管相通,使笛子的空气柱变短,音调会稍高。从笛子末端依次放开堵住孔的手指,笛子内的空气柱会逐步变短,吹奏笛子可得到的音调也会逐步变得越来越高。

图 3-48　在管状物上钻洞,可以制成管乐——笛子

你还可以将你的笛子管乐器声音的强度提高。剪下信封的一个角,把它打开,可以得到一个小的锥体。在锥体的上方剪一个洞,把麦秆或竹笛的末端插入洞中。笛声传播的空间因纸质锥体的限制,声音能量更加集中,因而声强更大。

我们有时会在电视上看到,寺庙里的喇嘛吹着一种特别长的号,号会发出低沉的声音,因为长号空气柱长,频率低,音调就低。

在舞台上表演的管乐队,因为舞台的大小有限,低音长号常常采用弯曲的形式,既保证有足够的空气柱的长度,又不占用很大的地方。而弯曲的号管,只要拐弯是光滑的,没有急弯的拐角反射声波,就不会影响号的乐音。最典型的弯管号是圆号,号管弯弯曲曲大大加长了空气柱,发出我们需要的低音调乐音。

也许有细心的读者会问,管直径的大小会不会影响乐音呢?不会。因为管的直径加大,使空气柱质量增大,会降低声音的频率,使音调变低。但直径加大,传播中的声波因为空气压强作用在更大的面积上,空气的推力也加大,这会使音调变高。空气质量和推力加大的作用相互抵消,而几乎不影响乐音的频率。

在图 3-49 中,圆号弯弯曲曲的管子大大加长了空气柱,可以吹出需要的低音。用活塞键操控活塞,使空气柱长短可调,帮助吹奏出可变的频率,美妙的乐音。

与钢琴弹奏时指法决定音调高低不相同,圆号的吹奏中,同样的指法,可对应音调高低不同的乐音,由吹奏者的嘴巴控制。嘴巴吹出的气流越细,吹出的音调越高。气流越粗,音调越低,吹奏者也越省力。

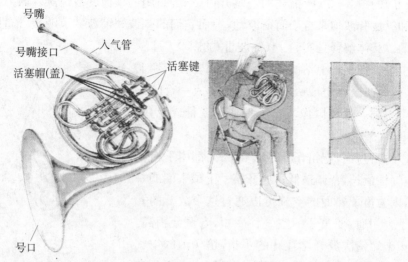

号嘴

号嘴接口

入气管

活塞帽(盖)

活塞键

号口

图 3-49 圆号发出的低音调乐音,来自于弯弯曲曲的号管大大加长了空气柱的长度

实验32 **金属棒的音乐**

材料:长金属棒,工作手套,松香

在工作手套上撒点松香粉,用它来摩擦金属棒。棒会被激发振动。手摩擦金属棒的频率决定金属棒振动的频率。

实验33 **颤动的膜——二维驻波振动模式小展**

1) 材料:扬声器,气球,橡皮筋,铝箔,光源(最好是幻灯投影仪)

在扬声器上展开气球的皮,把扬声器喇叭包起来,用橡皮筋沿圆周将气球皮固定好。把光亮平整的铝箔贴在气球皮上,这相当于一个周围被刚性固定的、半径确定的均匀圆膜。用光源照在扬声器上,观察其在一面白墙上的反射。接通扬声器,墙上会显示出源自于颤动膜的有趣的二维振动式样。

从理论上,可以通过求解满足边界条件的均匀膜自由横波振动的一般二维波动方程,来获取可能的振动模式。因为涉及求解偏微分方程和特殊函数,求解过程就此省略,只给出可能的二维驻波振动模式的图像供读者欣赏,以使有趣的二维驻波振动模式成为具体的图案,可供参考、认识。

正如实验12(驻波 I)中所示,相反位相的交点是弦线上永远不动的驻波节点一样,这里二维位相相反的区域的分界线,也是二维驻波永远不动的波节线。如果在膜上撒上细小的锯末,因为波节线不随膜的振动而动,锯末会聚集在这些波节线上。

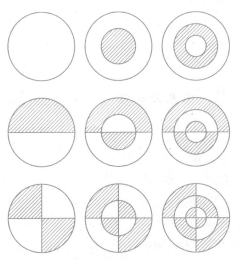

图3-50　刚性绷紧的圆膜的驻波振动模式
(阴影区和非阴影区相位相反)

二维振动的驻波式样,还可以做如下的实验。

2)材料:平整的方形金属薄板,钉子,锤子,锯末,提琴弓弦

用钉子和锤子把金属板的某处(比如中心点)固定,使金属板面呈水平放置,用提琴弓弦摩擦金属板的边缘就可以使板振动起来,波动在边界往复反射而形成驻波。板的振动是二维振动,波节是形状不同的曲线。在金属板上撒些锯末,因为驻波的波腹上的各点是在波节之间作位相相同的振动,所以锯末不可能停留在波腹处。而波节是不随时间而动的永远的固定点(一维驻波情况)或线(二维驻波情况),所以板上的锯末总是聚集在波节处。随着金属板上固定点的不同,弓弦摩擦位置的不同,锯末会铺成各种不同的花纹,反映出波节、波腹的分布情况。比如图3-51。

通过敲击膜或者板,使其振动作为声源的常用乐器有锣鼓等。

膜和板也经常作为声音的良好辐射体。例如,提琴弦辐射的声音是很微弱的。这一方面是

● 固定点　　◎ 弓弦摩擦点

图3-51　方块金属板上由锯末显示的二维驻波波节

因为弦的截面小,不能在空气中激起强烈的振动。另一方面,当弦向上运动时,上面空气较密而下方稀疏,空气自上向下流动。而当琴弦向下运动时,下面空气稠密而上端稀疏,空气又自下而上流动,结果弦的周围形成闭合的空气流,不容易在空气中激发疏密相间的纵波声波。

但是如果将琴弦固定在表面积较大的盒板上,于是振动传给盒板,就可以将声音传播出去了。例如提琴、二胡、吉他传播声音的渠道就都是利用盒板。

 **实验 34** **多普勒效应 I——声源运动压缩或者拉伸了声波**

材料:闹钟,2 m 长的结实绳子

把闹钟固定连接在绳子一端,让钟闹起来。请一个助手在你旁边不远处挥动绳子,让闹钟闹铃响着,同时沿水平方向尽可能快地稳定转动。

你则专心注意听铃声,看钟转。注意,不要混淆声强和调高,声强是响度的大小(见实验 20,水介质),调高指的是频率的大小(见实验 17,声音和振动 4)和 6))。你会发现,当闹钟向你转过来时,音调也越来越高。当闹钟背向你转过去时,音调也越来越低。音调高,表示声音的频率高,音调低说明声音的频率低。

先看看声源 S 向着接收器耳朵 R 以速度 u 向前运动,声波接收器 R(耳朵)不动的多普勒效应产生的原因。具体解释如下:比如,一个方波发声源 S 以速度 u 向着静止的接收器(耳朵)R 运动。

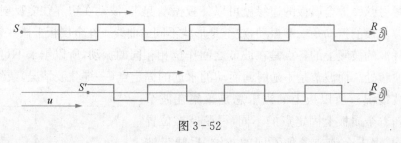

图 3-52

先假设声源 S 不动时,在某一个 Δt 的时间间隔内,声波充满从声源 S 到接收器 R 的距离 SR 之中。现在,声源 S 以速度 u 向着接收器 R 运动,在同一个时间间隔 Δt 内,同样的声波将被压缩在 $S'R$ 的距离之内。二者的距离之差是速度乘以时间间隔:

$$SR - S'R = u\Delta t, \tag{1}$$

而 SR 的长度等于声速 c 乘以时间间隔 Δt,其中声速 c 为声源静止时发出的声波波长 λ 乘以声源发出声波的频率 f,即 $c = \lambda f$,于是有

$$SR = \lambda f \cdot \Delta t \tag{2}$$

而 $S'R$ 的长度等于表观波长 λ' 乘以声源发出的声波频率 f,再乘以时间 Δt

$$S'R = \lambda' f \cdot \Delta t \tag{3}$$

把(2)、(3)式代入(1)式得到:$\lambda f \Delta t - \lambda' f \cdot \Delta t = u \Delta t$,此式给出

$$\lambda' = (f\lambda - u)/f \tag{4}$$

注意到声波在媒质中传播的速度仅仅取决于媒质的性质,与声源无关,即

$$c = \lambda f = \lambda' f' \tag{5}$$

注意:这里的频率 f' 是耳朵听到的表观频率,它与声源振动频率即发声的频率 f 是不同的。(5)式给出

$$f' = \lambda f / \lambda' \tag{6}$$

将(4)式代入(6)式,注意到(5)式中 $c = \lambda f$ 得到:

$$f' = \lambda f / \lambda' = \frac{\lambda f}{\dfrac{(f\lambda - u)}{f}} = \frac{c}{c - u} f \tag{7}$$

此式 f 的系数分母小于分子,$\dfrac{c}{c-u} > 1$,说明当声源向着静止的接收器运动时,接收器接收到的表观频率 f' 大于声源发出的振动频率 f,$f' > f$。同理,当声源远离静止的接收器运动时,接收器接收到的表观频率 f',小于声源发出的振动频率 f 即 $f' = \dfrac{c}{c+u} f$。

总而言之,因为声音在确定介质中传播的速度 c 不变,声音接收器耳朵的位置不变,声源向着接收器运动,就相当于把原来静止声源的声波压缩了声源运动的距离 $u\Delta t$。速度 c 不变而距离变短,出自声源的声波波形又不变,只能意味着声波波长 λ 变短。或者说,速度 c 不变而距离变短,也意味着通过短距离的时间变短,而时间变短、波形不变,只能意味着声波的周期 T' 变短,周期变短,则意味着频率 f' 变高。而波长 λ 变短和频率 f 变高,也就保证了声速 $c = \lambda' f' = \lambda f$ 不变。因而进入耳朵的声音频率变高,波长变短。

而声源远离接收器运动,就相当于把原来静止声源的声波拉长了声源运动

的距离,因而进入耳朵的声音频率变低,波长变长。

 实验 35 **共振频率——固有频率是内因,振动频率是外部条件**

材料:弹簧,重物

把重物吊在弹簧上,用黏胶带固定。你可以测试这个振动系统的共振频率。把弹簧拿在手里,用不同的频率使其上上下下地运动。在一个特定的频率,传递给系统的能量最大,这导致弹簧振动的振幅大幅度增大。因为这时,弹簧的振动频率等于系统的固有频率,系统实现了位移共振。

正如传说中的一支军队迈着整齐的步伐过桥,碰巧部队行军的频率等于桥的固有频率,而导致桥塌人陷的悲剧。这类悲剧促进人们更积极地研究共振,从而防范了更多的灾难发生,也学会了利用共振。

 实验 36 **共振——同样结构的发声器,用共振确认细节**

材料:两只高脚大酒杯(葡萄酒酒杯)

把两只酒杯里装进量一样多的水,用湿手摩蹭或者用铅笔敲打酒杯的边缘,应该听到两只酒杯发出的音高相同。现在,把两只酒杯挨着放置,只让一只杯子振动,这样另一只杯子也会振动。这也可以用来确认两个杯子内的水平面是否精确相同。

 实验 37 **钢琴上的共振——"哑键"共振,别样音乐效果**

材料:一架钢琴

轻轻地、无声地按下一个钢琴键,也就是说不能让人听到声音。保持先前的键仍被下压,你再弹奏钢琴上另外一些键。紧接着,你能清楚地听到第一个"哑键"所对应的音,因为其他的音调使这根琴弦进入了振动状态。

钢琴谱上有一种保持音,用一个手指一直压着(比如 4 拍)一个确定的琴键,其他手指在此音的保持期间继续弹奏,用的就是这个原理。

当然,你不必用任意键来激发一个音。比如你可以试试,保持住 c(do)音按下的状态,试验一下,用一个较低音 g(sol)或者 d(re)来激发这个 c 音。还可以通过用钢琴所有 8 度音的结合来试试。

三、水波

实验38 **没有东西被输送——看似传送带的水波，不是传送带**

材料:小漂浮物

观察一个在水波中(在洗手盆中、在浴缸中或在一个池塘里)漂浮的物体(软木塞、树叶、细枝)会怎样运动。

将石子投入池塘的水中,水面波纹由石子所在的中心向四周传播,而漂浮的树叶只是在原地附近有限的小范围内摇曳,这表明水的微团并未随着由近及远的波纹向外运动。树叶的周期运动反映着它周围水的微团的周期运动。这种水微团的周期运动而不是水的微团本身从中心开始,由近及远地向周围传递,而相应的振动位相也随着波动,越远越落后。

振动状态在空间的传播称作波动,它是物质的一种特殊运动形式。机械振动在空间的传播称为机械波。传播的只是一种运动状态,而物质本身并没有传播。

实验39 **叠加原理——波干涉的本质原因**

材料:洗手盆,两只铅笔

把洗手盆装满水来进行这个实验。一定要让光线从高处向下对着你的头部朝水的表面照下来。取出铅笔,用笔尖周期性地轻击水的表面。观察由你制造的圆形水波在盆的底部形成的阴影图像。

在一个水面平静的池塘旁边,向水里扔下一颗小石头,观察由石头在水面上激发的圆形波,如图3-53。

图 3-53　水面上激发的圆形水波

灰线表示波峰,黑线表示波谷。由圆心动态向外扩
散,波动的振幅逐渐减小,直到水面恢复平静。

取出两支铅笔,使两个笔尖在相距 2～3 cm 的距离上,以相同的节拍运动。观察装有水的盆中阴影图像的变化。你会看到两个点波源的水波,因叠加原理而形成的水波干涉图样。

两只手各执一块小石头,两手同时把石头扔进池塘,特别注意观察,两个圆面波相交部分的波的改变,并与原来单个的圆面水波进行比较。如图 3-54 所示。

图 3-54　水面上两个圆形波的干涉

两条灰线相交处,相长叠加成一个两倍高度的波峰(实心灰点)。
两条黑线相交处,相长叠加成了一个两倍深度的波谷(实心黑点)。灰
线与黑线相交处,相消叠加,形成相应的水面不涨不落(空心圆点)。

实际的两点波源的水波干涉也可以用水波盘来演示。图 3-55 是水波盘照片,可以看到水波位移的相长叠加的增强和相消叠加的减弱。

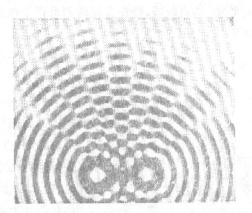

图 3-55　水波盘演示的两点源干涉场的水波干涉

 实验40　水波的特殊形式——不可忽略的表面张力水波

请你观察以下几种水波。

(1) 由雨滴激发的水波。

当稀稀拉拉的雨滴落在平静的池中水面上时,注意观察一个雨滴的行为,你会清晰地看到,由于雨滴的重力破坏了水面的表面张力,雨滴与水面刚一接触,很快就激发出以雨滴滴落点为圆心的两三个半径很小的同心圆水波纹。雨滴进入水中以后,水的表面张力迅速修复,刚才雨滴激发的小圆波纹被表面张力形成的无波纹水平面往外挤,迅速扩大成半径很大的同心圆,最后这些大同心圆快速地变得越来越模糊,直到水波消失殆尽。也就是说,由于表面张力的作用,雨滴的水波并不是像我们想象的标准波那样,以雨滴为圆心,水的波动呈现出越来越多的同心圆,均匀地向外扩散。要想水波形成同心圆均匀地向外扩散、必须使圆心处的冲击力足够大,积水足够深,比如石头扔进水池,或者圆心处有周期性的驱动力来维持。

(2) 水面上有鹬(一种水鸟)活动的水表面的抖动。

像雨滴一样,水鸟刚刚触碰平静的水面,会激发出以触碰点为圆心的水波波纹,而鸟脚踩进水中以后,因水的表面张力已经修复了,水波波纹不复存在。

(3) 一个剃须刀片平放在静止的水表,当你用手指或铅笔尖小心地在刀口处轻击时,它会怎样运动?

剃须刀之所以可以停在静止的水面上，是因为水的表面张力的作用。表面张力是作用于液体表面的切面上使液体表面具有收缩趋势的拉力。若在液体表面上任意画一条长度为 l 的直线段，则在直线两侧垂直于该直线段上，作用有与液面相切的数值相等、方向相反的表面张力 F。

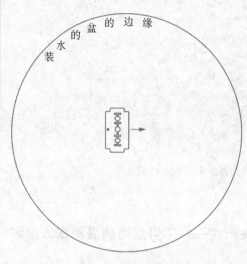

图 3-56　刀片在水面上运动的俯视图（原点为手指轻击的位置，箭头为刀片运动的方向）

当你在刀口左侧位置轻击刀片，你会发现，刀片会向右运动。这是因为轻击刀片左侧，作用在垂直于刀片左侧线上的力破坏了水的表面张力，轻击结束后，水的表面张力迅速恢复，形成方向向右的水的表面张力，推动刀片向右运动。如图 3-56 所示。

你在刀片上必须是轻击，因为过重的打击会使刀片沉没水底。制造剃须刀的材料的比重是大于水的，只是因为刀片很薄，总重量很轻，才有可能借助于水的表面张力浮在水的表面停住。

（4）当你先是轻轻地，然后逐步地用力对着一个装有水的碗吹动时，注意观察，从何时开始有水波出现。

你会发现，当过轻地吹动水面时，由于水的表面张力作用的抵抗，水面不会出现传递振动的水波。只有当吹动用力到一定程度时，吹动水面的风力战胜了水的表面张力，碗内的水面才会有水波出现。计算得知，由于表面张力的作用，能吹动水面形成表面张力波有一个最小的波速为 $c_{\min} = 23\,\text{cm/s}$，相应这种表面张力波的最小波长为 $\lambda_{\min} = 1.7\,\text{cm}$。也就是说，如果风速小于 23 cm/s 时，水面不可能激发起波动。就像风吹池塘的水，不是什么微风，都会有水波兴起。当然在能兴起水面波动的风力之上，风力越大，波浪越大。台风掀起巨浪，也是这个道理。

水面波容易给人错误的印象，以为它是水微团直上直下振动的横波。其实，水面波传播时，水的微团沿椭圆轨道运动，椭圆的长轴沿水平方向，短轴沿竖直方向，如图 3-57 所示。

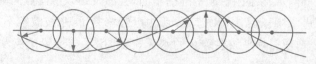

图 3-57　水面波不是横波

图 3-57 中箭头表示某一时刻各个水微团相对自身平衡位置的位置矢量，水微团的平衡位置，即图中水平直线的位置，将各个矢量的箭头尖连接起来显示的就是水波的波形。随着每个水微团的运动，位置矢量绕着平衡位置旋转，但每个水微团的位置矢量的旋转沿波的传播方向相继落后一定的角度。

水面波不同于声波，它不是疏密波。压强并非因密度而变化，而是因为表面不平和曲率变化引起的。振动的恢复力不是弹力，而是重力和表面张力。

实验 41　波的速度——深水波有色散，波速取决于波长

材料：石头

把一块较大石头扔进池塘，试着估计一下，水波模式的速度。观察在距激发中心不同距离上的波长。

水波表现出弥散，也就是说，水波弥散的速度取决于波长。

经理论计算可知，深水波，即水深 h 远大于波长 λ（$h \gg \lambda$）的水波，有如下的色散关系：圆频率 $\omega = \sqrt{gk}$，其中 g 是重力加速度常数，k 是波数 $k = 2\pi/\lambda$。单频率水波的波速即波的相速度（见实验 8，长而软的绳子）$v = \dfrac{\omega}{k} = \sqrt{\dfrac{g}{k}} = \sqrt{\dfrac{g}{2\pi}\lambda}$，其中 $g/2\pi$ 是常数，所以说水波的速度即相速取决于波长。而深水波中由许多单频率波的叠加组成的波列叫波包，波包中心运动的速度叫做群速度，而群速度即水波弥散的速度为 $v_g = v/2$，为相速 v 的一半，当然也是取决于波长的。

以上为了叙述的连贯性，我们悄悄地加进了一些新概念，诸如色散关系、波包、群速度。我们把这些概念补充说明如下，相信读者看后，再返回看看前面的内容，会对前面的叙述有更深刻的理解。

所谓色散是一个从光学借过来的概念（见第五部分光学，实验 34，太阳光的光谱颜色）。自从 1666 年，牛顿用三棱镜把太阳光分成彩色光带以后，人们就开始了对色散的研究。人们把色散的概念推而广之，凡波速与波长有关的现象，都叫做色散。因为波速 $v = f\lambda = \dfrac{2\pi f}{\dfrac{2\pi}{\lambda}} = \dfrac{\omega}{k}$，因而把圆频率 ω 与波数 $k = 2\pi/\lambda$ 的依赖关系 $\omega(k)$ 称为色散关系，比如前面所述的深水波色散关系 $\omega(k) = \sqrt{gk}$。

波包指的由许多单频率波的叠加组成的波列。当波包通过有色散的介质时,其中各单色(即单频率)分量将以不同的波速(即相速)v 前进,整个波包在向前传播的同时,形状逐渐改变,也就是说,有了色散,波就要变形。我们把波包中振幅最大的地方,叫作它的中心,波包中心前进的速度叫做群速度 v_g。如图 3-58 所示。

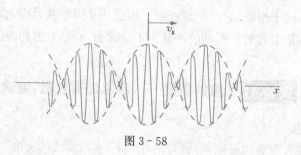

图 3-58

 实验42 **水波衍射——衍射物尺度与水波波长的比较决定效果**

材料:浴缸,直尺,梳子,文件夹

在浴缸中装上约 10 cm 高的水,就形成了一个长形的湖。取出直尺,以较快的频率用尺子的棱沿着与浴缸长轴垂直的方向在水面上拍击。观察由此线条型源头产生的波。

然后,你再试验一下,用梳子的齿代替直尺的棱,激发起在一条线上被分离的点波。并估计这些波的波长。

现在,取出一个硬挺的文件夹的封底,在其中间开出一个约 12 cm 长、2 cm 宽的缝隙。把这个封底沿着垂直于浴缸长轴的方向浸入水底,缝隙有一部分露出水面耸起。让刚才用梳子激发的波前正好向着缝隙前行。观察缝隙后面发生了什么。多次翻倍加宽缝隙的宽度。观察缝隙后面的变化,如图 3-59 所示。

　　(a)水波通过窄缝的衍射　　(b)水波通过宽缝的衍射　　(c)水波通过挡板的衍射

图 3-59

在得出怎样照明能使观察效果更好之前,开始时你必须尝试。注意缝隙后面显现的不同。如果有一次,缝隙宽度大约等于波长时,观察效果会最好。这里表现的实际上是水波通过缝隙的衍射。

伸出你的指尖插入水中。当水的表面已经静止时,你用另一只手的食指激发出圆形的波。观察当这个圆形波碰到潜在水中的指尖时会发生什么。你会发现,水波会绕过手指继续前行。这就是水波绕过障碍物的衍射。

站立在海滩附近浅的海水中,你会注意到,海水的波浪会绕过你的腿部继续前行,这也是水波的衍射。

正如前面所述,所谓衍射指的是波在传播过程中遇到障碍物时,发生的偏离直线传播的现象。水波的衍射也可以表现在穿过小孔,通过挡板等(见图3-59)。

从图中可以看出,障碍物(或其上的开口)线度越小,或者说衍射孔洞或障碍尺度与水波波长越接近,衍射现象越明显。

 实验43　水波的折射——浅水波波速解释海边常见现象

材料:小水坑,沙子

用沙子在小水坑里制造一个小岛,观察小岛附近水波方向的改变。如果你知道在平坦的水中波的速度为 $v = \sqrt{gh_0}$,其中 h_0 为平均水深,平均水深表示水波平衡位置的水深,见图3-60。g 为重力加速度常数,会对观察有帮助。

实际上,本实验是一个浅水波问题。所谓浅水波是指水的深度 h 远小于水波波长 $\lambda(h \ll \lambda)$,我们还假定水波波幅也足够小,因而可以如图3-60作线性近似。

由图3-60,根据微分方程式的牛顿第二定律推导出的波速 $v = \sqrt{gh_0}$,表明浅水波在水较深(h_0 大)的地方比水较浅(h_0 小)的地方传播快。这也解释了我们在海边常见的现象,不管远处的海浪朝什么方向向岸上传来,靠近岸边时的波前总是差不多与岸边平行。因为冲向岸边的海浪,水的深度 h_0 已经趋于零($h_0 \to$

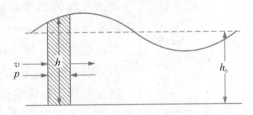

图3-60　浅水波(h 为水深,h_0 为平均水深,v、p 分别为瞬时速度和压强)

0),于是水波的前行速度 $v = \sqrt{gh_0} \to 0$ 也趋于零。水波不再能继续沿着原来的前进方向前行,只好沿着海岸的方向顺着海岸横流了。

公式 $v = \sqrt{gh_0}$ 还与我们在海边常见的一种海浪前沿的陡化的现象相一致。即迎面滚滚而来的海浪,波峰的前沿总是昂首陡立,最后峰巅翻滚下来,分崩离析,成为无数白色浪花,飞扬四溅。在 $v = \sqrt{gh_0}$ 中,波速正比于深度 h(h_0 换成了 h,解释有些勉强,但还是可以理解)的平方根,波谷处深度较小,走得慢,波峰处深度较大,走得快,这样,波前就陡立起来了,如图 3-61。

图 3-61 海浪前沿的陡化

实验 44 本征振动——自制水面同心圆二维驻波,漂亮!

材料:碗或者深盘子,吸管

图 3-62

碗里装上较多的清水。取一根吸管,把下端放到碗中水面中心之上靠近水面的地方,用嘴在上端吹气。让光线从你的头顶上照下来,你可以在碗底的阴影上观看碗中的水波。如果吹气的强度合适并足够稳定,水的表面会出现一个稳定的同心圆二维振动图像,一个二维的驻波,如图 3-62 所示。

类似于一维驻波情况(见实验 12,驻波 I),因你吹气而激发起的二维驻波的频率,就是水的二维本征振动的频率。

你也可以对一杯咖啡做同样的实验。因为咖啡的深色,碗底光影远不如清水清晰。你可在光线的照射下,努力激发和辨识咖啡表面的二维驻波的本征振动。

还可以把一个装有清水的器皿(比如一只碗)放在正在运转的洗衣机之上试试,你会发现当洗衣机处于正常洗涤而非甩干状态的稳定振动时,碗中的清水会处于相当稳定的二维驻波振动状态——以碗中水面的中心为圆心的若干同心圆二维驻波。因为水波的波长可以变化,水面好像总可以找到适合洗衣机振动频率的驻波,而洗衣机振动的稳定性和持久性远远好于人嘴吹气,实验现象相当稳定而且漂亮。

实验45 **非线性水波——叠加原理不再适用的波动**

材料:浴缸

在浴缸里装上至少1/3的水。从浴缸的顶部和底部,用你的两个手掌分别引导一个大的水波,以极快的速度,相向朝着浴缸中央的方向运动。当你的两手还相距40 cm时,手掌出水,任凭两个水波自己前行。你坚信自己没抱偏见吗?这里叠加原理适用吗?

1844年罗素(J. Scott Rusell)生动地报道了他在爱丁堡—戈拉斯高运河(Edinburgh-Glasgow canal)上的一次经历:

"那时,我正在观看一只用两匹马拉着的船沿狭窄的河道快速前进,当这只船突然停下来的时候,河道中曾推动船只的水体并不停下来,而是聚集在船头周围猛烈地激荡着。忽然,一个孤立的巨大隆起离船而去,滚滚向前疾驶。它是滚圆而光滑的一团水,持续地沿河道前进,看不出有明显的减速。我在马背上跟随它,赶上它每小时八九英里的速度,它一直保持着约30英尺长,一到一英尺半高的原始状态。最后,它的高度渐减,我在追逐它一到两英里之后,它在河道的弯曲处消失了。这就是我在1834年8月偶然间看到那个奇特而美丽现象。"

因为一般中国人对英制长度单位的概念不习惯,我们把以上描述翻译成我们习惯的单位制再重复一遍。罗素先生当时看到的狭窄河道里的水波前进的速度是12.9~14.5 km/h,水波长约9.15 m,高约0.5 m,跑了大约1.6~3.2 km高度才渐减并在河道转弯处消失。

大家公认,这是有关这种稳定脉冲波形的首次报道。人们称之为孤波(solitary wave)。

此后很久,一直到1895年,考特威格(Korteweg)和德伏瑞斯(de Vries)才给出浅水波方程(KdV方程,其孤波解如图3-63所示),为解析研究这种孤波提供了一个理论基础。

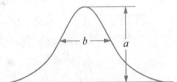

图3-63 KdV方程给出的孤波解(a是孤波的振幅,b是孤波的有效宽度)

没有耗散和没有色散只是理想的情况,有了耗散,波就要衰减;有了色散,波就要变形(色散概念见实验41,波的速度)。因为波的衰减和变形在实际物理过程中客观存在,简谐波方程给出的脉冲解在物理上并不是真正稳定的。真正稳定的孤波波形在线性理论中找不到,我们必须假定有非线性效应存在。

比如,KdV方程是非线性的,还包含有色散。正是非线性和色散的综合效果,才产生了真正稳定的孤波。

实验46　振动和波的能量——孤立和非孤立系统大不同

材料:具有重摆锤的长摆,天花板上结实的钩

给人印象深刻的物理上可信赖的合适的实验可以如下来演示:把摆线固定在天花板的钩子上,使摆偏斜到让摆锤与下巴相接触那么远。然后松手,等到摆锤不再运动,如图3-64所示。基于能量守恒,摆在往回摆时的最大高度应和前面一样,当然不可避免的摩擦损失,使摆不可能完全达到前面的高度。

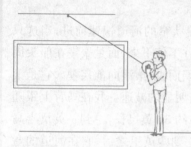

图3-64　实验示意图

如果忽略摩擦造成的损失,一个摆的总能量为势能和动能的和,是一个常数。当摆在最高位置时,速度为零,势能最大,当摆在竖直的最低位置时,势能为零,而速度最大,因而动能最大。也就是说,摆的动能和势能是反相的,动能最大,势能就最小(为零);势能最大,动能就最小(为零)。当摆锤在以上两种位置之间,摆既有动能又有势能,二者之和的总能不变。因为不计损耗的摆动是一个孤立系统,一旦启动,就不与外界交换能量。

如果想使这个实验不那么危险地进行,可用金属线代替一般的摆线,钩子必须结实。也可以用小一些的摆,替代下巴的可以就是伸出去的手指。

简谐波却不同,波体元的势能和动能是同相的。

如图3-65中(a)当体元通过最大位移 A 时,因为位移最大,不可能再向上运动了,即振动速度为零,再看体元 A 的形状,方方正正没有发生什么形变(见实验19,介质的作用中图3-39),因此这时体元 A 的动能和形变势能都是零。而在平衡位置 B 时,体元被拉成了平行四边形,形变最大;运动方向沿原方向继续向下,因而速度也是最大,也就是说在体元 B 处,势能和动能都达到最大值。这说明,波动体元的动能和势能具有相同的位相,动能大势能也

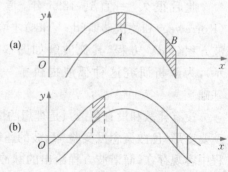

图3-65　平面简谐波各体元的动能和势能的大小具有相同的位相

大,势能小动能也小。由体元在 A 处和 B 处能量值的大差异以及随着波动向前传播,各个体元的位移在不断变化,表明各个体元的总能不是常数。这是因为机械波在介质中传播时不是孤立系统,机械能不守恒。

 **实验 47** **多普勒效应Ⅱ——点波源运动速度大于波速的马赫锥**

材料:浴缸,直尺,小棍,刀刃

像在实验 42(水波衍射)中那样,在浴缸中装上约 10 cm 高的水,用直尺和小棍制造出平面波和圆形波,但这次作为波源的尺子和小棍,在水中击打产生波动的同时,波源也在向前快速运动。

在平面波的情况下,观察波前之间的距离。你会发现,相比波源没有运动时的波前间大约相等的距离,在波源运动时波前之间的距离变得更加不等,沿着波源尺子运动的方向,波前之间的距离越来越短;而远离波源运动的方向上,即与上相反的方向上,波前之间的距离却越来越长。其中的道理与实验 34(多普勒效应Ⅰ)相同。本实验虽然没有位置不动的波前接收器,但你总是可以想象一个不动的位置,比如浴缸的两个对面而立的短边,作为参照,一个假想的位置不动的波前接收器,实验 34 的解释用到这里也就顺理成章了。

在圆形波的情况下,可以选择很大的波源速度,让波源运动的速度大于波动前进的速度,使其出现一个马赫数(马赫数=流体中局部流速与局部声速之比)的锥形波峰。如图 3 - 66 所示。

由图 3 - 66 的上图可见,(a)当点波源只是使波源处的介质水发生振动,水传播振动产生波动,点波源静止不动,即波源速度 $u = 0$ 时,点波源产生的水波是以波源为圆心的同心圆。(b)点波源一边振动,一边向右运动,但波源运动速度 u 小于水波传播速度 v 时,即 $u < v$,沿波源运动方向的右侧波前变密,即波长变短,频率变大;而波源运动的相反方向,波前间距变大,即波长变大,频率变小。与前面所说的平面波情况类似,与声波的常见的多普勒效应相似。见实验 34(多普勒效应Ⅰ)。(c)点波源运动的速度趋近于波速,$u = v$。所有波面在一点相切,在切点处,频率 $f' = \dfrac{v}{v-u} f \rightarrow \infty$ 趋于无穷大(见实验 34,多普勒效应Ⅰ中公式(7))。图 3 - 66 的下图可见,(d)点波源运动的速度大于波速,$u > v$,波面的包络面呈圆锥状,称为马赫锥。由于在这种情况下,波的传播不会超过波源本身,马赫锥面是波的前缘,其外没有扰动波及。这种形式的波动叫做艏波,也

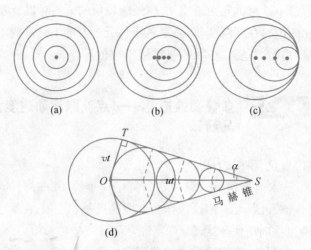

图 3 - 66　运动点波源的波面图

（a）波源静止（b）波源速度小于波速（c）波源速度等于波速（d）波源
速度大于波速

叫船头波（bow wave）。图（d）的马赫锥的半顶角为 α，由图中的三角形可知：$\sin\alpha = v/u$，而它的倒数 u/v 叫做马赫数，是空气动力学中一个很有用的参数。

　　找一个薄的物体，如一把大水果刀或西餐桌上的餐具刀，手持刀柄把刀浸入水中，刀刃朝右通过平静的水面运动。开始时慢慢地，然后稳定持续地提高速度。沿着刀的运动方向看过去的水流情况是怎么样的，当刀刃速度达到一个确定的临界值之后又如何？注意观察刀前行形成的开角与刀刃源头运动速度的相关性。

　　你会发现，当刀刃速度很慢时，刀在水中除了占据一点位置外，对平静的水面毫无影响，速度增加后，刀刃右侧紧靠刀刃的地方会划出水波，但波前面以刀为角平分线的水波夹角很大，速度继续加快后，水波夹角会逐渐变小。当速度快到一个临界值之后，半顶角的大小就会达到大约 19.5° 的确定值，这时，即使再增加刀刃运动的速度，半顶角的大小依然不变。就像左图快艇掠过水面留下尾迹的情况一样，如图 3 - 67 所示。这个实验的效果相当明显。

图 3 - 67

快艇掠过水面的半顶角 α 与快艇的速度 u 无关,总是等于大约 $19.5°$ 左右,这是由于水面波特殊的色散关系而导致的。上述刀刃掠过水面的实验与快艇掠过水面的情况非常类似。

船头波的例子还有许多:子弹掠过空间而发出的呼啸声,超音速飞机发出的震耳的撕裂空气之声都是这种波。超音速飞机与普通飞机不同,人们在地面上看到它当空掠过后片刻,才听到它发出的声音。这正是船头波的特点。

参考文献

［1］Pereimann J. Unterhaltsame Physik［M］. Verlag HarriDeutsch, 1985.

［2］New UNESCO Source book for Science Teaching［M］. Paris：UNESCO ,1973.

［3］Zeier E. Physikalische Freihandversuche , Kleine Experimente［M］. Koeln：Aulis Verlag, Deubner & Co KG, 1985.

［4］Mandell M. Physics Experiments for Children［M］. New York：Dover Publications. Inc, 1959.

［5］Zeier E. Keine Angst vor Physik［M］. Koeln：Aulis Verlag, Deubner & Co KG, 1984.

［6］Wittmann J. Trickkiste 1［M］. Bayrischer Schulbuchverlag, 1983

［7］Haase K, Lehmann D. Nanos Physik Abenteuer［M］. Koeln：Aulis Verlag, Deubner & Co KG, 1985.

［8］Perelmann J. Unterhaltsame Aufgaben und Versuche［M］. Verlag HarriDeutsch, 1977

［9］(苏联)别莱利曼雅著,符其珣,滕砥平译. 趣味物理学［M］. 长沙:湖南教育出版社,1999.

［10］别莱利曼著,滕砥平译. 趣味物理学(续编)［M］. 北京:中国青年出版社,1964.

［11］漆安慎,杜婵英. 力学基础［M］. 北京:人民教育出版社,1982.

［12］赵凯华,罗蔚英. 力学［M］. 北京:高等教育出版社,1995.

［13］赵凯华,钟锡华. 光学(上下册)［M］. 北京:北京大学出版社,1984.

［14］(美)Gilbert Pupa, Haeberli Willy 著,秦克诚译. 艺术中的物理学［M］. 北京:清华大学出版社,2011.

［15］徐龙道等. 物理学词典［M］. 北京:科学出版社,2004.

［16］《物理学大辞典》编辑组编. 物理学大辞典［M］. 香港:中外出版社,1980.

［17］赵凯华,陈熙谋. 电磁学(上下册)［M］. 北京:人民教育出版社,1978.

［18］梁灿彬,秦光戎,梁竹健. 电磁学［M］. 北京:高等教育出版社,1980.

［19］(美)w.塞托编著,金树武,姜锦虎,沈保罗等译,魏墨盒审校. 声学原理概要和习题［M］. 杭州:浙江科学技术出版社,1985.

［20］华东师大物理系普通物理教研组编. 普通物理学思考题题解［M］. 上海:上海科学技术文献出版社,1982.

［21］华东师大普物教研室编. 大学物理选择题［M］. 北京:北京工业学院出版社,1987.